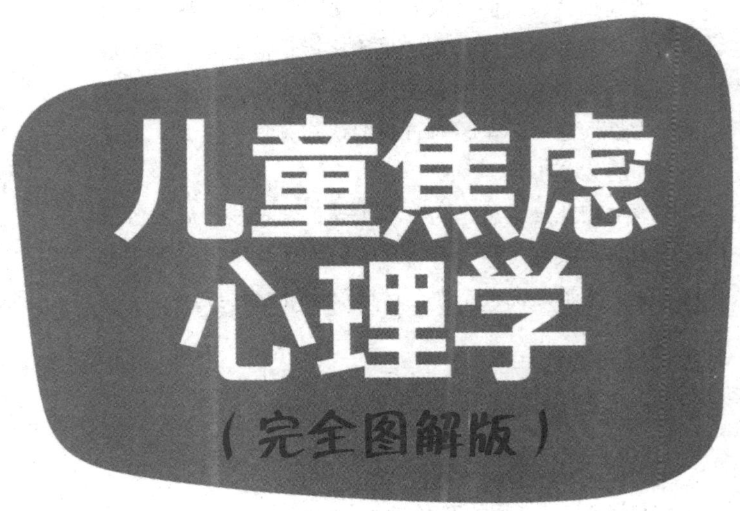

儿童焦虑心理学

（完全图解版）

蔡仲淮◎编著

中国纺织出版社有限公司

内 容 提 要

现代社会，人们对成人的情绪状态很是关注，如何应对抑郁症和焦虑症的文字也比比皆是，但是对于儿童心理状态和情绪状态的关注却不够。其实，儿童由于各种能力发展还不健全，对自我的认知有限，比成人更需要人们的关心和引导。

本书以儿童心理学为基本指导，结合孩子成长各个阶段的身心发展特点，告诉父母们如何更好地识别儿童焦虑症，从而有效地帮助孩子缓解和消除自身焦虑。

图书在版编目（CIP）数据

儿童焦虑心理学：完全图解版／蔡仲淮编著．--北京：中国纺织出版社有限公司，2021.4
ISBN 978-7-5180-7376-4

Ⅰ．①儿… Ⅱ．①蔡… Ⅲ．①焦虑—儿童心理学 Ⅳ．①B844.1

中国版本图书馆CIP数据核字（2020）第074934号

责任编辑：江 飞 责任校对：高 涵 责任印制：储志伟

中国纺织出版社有限公司出版发行
地址：北京市朝阳区百子湾东里A407号楼 邮政编码：100124
销售电话：010—67004422 传真：010-87155801
http://www.c-textilep.com
中国纺织出版社天猫旗舰店
官方微博http://weibo.com/2119887771
三河市延风印装有限公司印刷 各地新华书店经销
2021年4月第1版第1次印刷
开本：880×1230 1/32 印张：6
字数：95千字 定价：39.80元

前言

我们都知道，家庭对孩子一生的成长是至关重要的，家庭是孩子人生的第一所学校，家长是孩子最重要的启蒙老师。每个家长都望子成龙，望女成凤。然而，在教育孩子的问题上，一些家长认为给孩子最好的教育环境，引导孩子努力学习、考出好成绩，就能出人头地，其实家长忽略了教育孩子的另一个重要方面——情绪管理能力。

人的情绪有正面情绪和负面情绪，在负面情绪中，就有焦虑。众所周知，现代社会，随着竞争的日益激烈，成人的压力越来越大，焦虑情绪成为人们越来越关注的问题，其实不只是成人，儿童焦虑问题也日益凸显。

焦虑症儿童无论是在学习还是与人交往方面，往往都会遇到更多的问题，而且这类儿童在长大成人之后比常人更容易出现心理方面的问题。可以说，焦虑已经成为儿童成长过程中的巨大障碍之一。

通过专业心理调查发现，越来越多的儿童正在遭受焦虑心理的困扰。事实上，如果孩子无法集中注意力，悲观、易怒、暴躁、具有破坏性，或者孤独、焦虑，对自己不满意等，会不同程度地影响其今后的个性发展和品格培养。而且，如果焦虑情绪常出现且持续不断，就会对个人产生持久的负面影响，进而影响孩子的身心健康与人际关系的发展。

为此，儿童心理学家指出，作为父母，我们有必要尽早学习儿童焦虑心理学，并且当儿童出现焦虑情绪时，要学会从焦虑心理的角度加以考虑和分析，以便采取正确的方式和手段去解决，这对儿童的健康成长有很大的帮助。

当然，家长不仅要帮助儿童克服焦虑情绪，还要帮助他们学会表达情绪、控制负面情绪，引导他们培养正面情绪，这会对儿童的健康成长有很大的帮助。要知道，好的情绪不仅是一个人获得成功的关键因素，而且还能够充分地发挥自身潜能，掌控调节情绪，从而与周围的人在交往中表现出自身良好的亲和力，并在生活工作中获得比别人更多的机遇。不过，这个过程是漫长的，并不能一蹴而就，家长自身也要不断耐心学习，方能掌握。

从这一目的出发，我们编写了《儿童焦虑心理学：完全图解版》，本书从生活中的具体教育案例出发，详细阐述了如何识别儿童焦虑症，并对其进行引导和梳理，希望能给家长以科学的指导，让家长与孩子共同受益、一起成长。

编著者

2020年11月

目录

第1章

焦虑出没，你的孩子中招了吗

在15岁到35岁的群体死亡原因的比例中，自杀占据首位。看到这样的统计结果，我们不免感到心痛，15岁到35岁的青春年华不正是人的一生中最美好的时光吗？为何有那么多人选择以自杀的方式结束生命呢？难道他们不珍惜活着的感受吗？然而引起自杀的首要原因就是焦虑。遗憾的是，现实生活中，大多数父母都觉得自己给了孩子最好的生活，丝毫没有意识到孩子正在被焦虑困扰，父母自身也正在被焦虑困扰。在孩子们都爱看的动画片《熊出没》中，有一句话“熊出没，请注意”，这里我们也要说，“焦虑出没，请注意”。

这次进步了5分耶！
还有期末考呢，继续学习，不要再玩了。
爸妈，我这次进步了，能不能玩玩游戏？
学习为什么这么痛苦呢？
老师温馨小课堂
平衡学习与玩耍，陪伴孩子健康成长。

有很多孩子都有焦虑症

近些年来，因为焦虑症而走上自杀道路的孩子很多，其中有初中生、高中生、大学生，甚至还有小学生。当看到一则则孩子自杀的新闻时，作为父母心中总是非常疼痛：孩子们这是怎么了，为何会选择这样一条绝路呢？还有些父母会质疑：现在的孩子就是心理承受能力太差，打不得骂不得，和他们说话都要加倍小心，哪里像我们小时候啊，就算是被父母打得皮开肉绽，也很快就会忘记，照样该玩就玩，该乐呵就乐呵。的确，父母小时候虽然被他们的父母以简单粗暴的方式对待，但是背着一个妈妈亲手缝制的小书包，里面只装着几本书和一个文具盒，放学了就可以轻松地出去玩。而如今的孩子呢，从很小的时候就开始报各种补习班、培训班，他们不但失去了无忧无虑的童年，而且还要背负学习的沉重压力，尤其是很多父母望子成龙、望女成凤，无形中就会把压力转嫁到孩子身上，这些都是导致孩子不堪重负的原因。从这个角度来说，孩子的相当一部分焦虑都来自父母。

遗憾的是，绝大多数父母对孩子的焦虑不以为然，甚至根本没有意识到孩子会受到焦虑的困扰。父母不知道孩子因为焦虑深受其害，也不知道焦虑给孩子带来了多大的伤害和痛苦。当焦虑达到一定程度时，孩子就会被抑郁症困扰，甚至因为抑郁情绪袭击，而导致内心惶惑不安，甚至想到以自杀的方式结束生命。从身体机制角度而言，焦虑就像是孩子身体上的报警系统，时常会给孩子拉响假的警报，偶尔也会给孩子拉响真的警报。这样的警报会让孩子感到困扰，父母如果不能关注到孩子的焦虑，就会对此无知无觉。为此，父母一定要给予孩子更好的帮助和照顾，也要多多关注孩子的心理状态和情绪变化。

在传统的育儿观念中，很多父母误以为只要满足孩子的吃喝拉撒就可以了，实际上孩子的成长是一个很复杂的过程，最重要的是父母要有意识地关注到孩子的情绪和心理状态。只要父母和孩子齐心协力，就可以缓解和减轻焦虑，就可以战胜焦虑。

说起来可能会让人觉得难以置信，焦虑很大程度上取决于家族遗传，所以作为父母，如果你正在被焦虑困扰，或者发现孩子有焦虑的苗头，不妨询问一下身边的亲人，看看他们是否也曾经感到焦虑，当然也可以问问他们在焦虑来袭的时候是如何战胜焦虑的。这样才能缓解焦虑，也才能有效地战胜焦虑。

容易焦虑的人，面对生活中哪怕是很小的事情，也会产生情绪波动。而面对同样的事情，那些不容易受到焦虑困扰的人，则很容易一笑而过，完全不把那些小事情放在心上。偏偏这样的洒脱和从容，是焦虑的人很难拥有的。

其实，人的心就像是一个容器，当背景变得宏大时，那些

不值一提的小事情就不会被牢牢记住，让人耿耿于怀；反之，当背景变得很小，则哪怕是芝麻大的小事情，也会被放大。所以父母和孩子要想战胜焦虑，就要把自己内心的背景放大，这样才能真正战胜焦虑，让自己的内心海阔天空、辽阔高远。

如何判断焦虑的发生

趋利避害是人的本能，没有人愿意被焦虑困扰。不管是父母还是孩子，当感受到焦虑情绪发生的时候，就会本能地逃避和抗拒焦虑情绪，恨不得离焦虑情绪远远的。但实际上，这样的抗拒和逃避不但不能让我们远离焦虑情绪和消除焦虑情绪，反而会使我们更加深受焦虑情绪的困扰。

很多人对于焦虑的理解很狭隘，觉得焦虑只是一种情绪，它只会影响人的情绪和心理状态，然而实际上焦虑情绪还会导致人身体不适。当人在感受到身体不适的时候，情不自禁就想缓解不适，让自己变得舒服一些。凡事亡羊补牢都不如未雨绸缪，要想避免因为焦虑而引起身体上的不适，最重要的就是先缓解情绪，避免焦虑的出现。当然，生活不如意十之八九，每个人的人生都不可能是一帆风顺、顺遂如意的，为此，在日常生活中，我们必须更加懂得生命的珍贵，让生活变得更加绚烂多彩，充实且有意义。尤其对于青春期的孩子而言，在躁动的青春期，孩子的身体和心理都因急速成长而发生各种变化，为此逃避是不可取的。举个最简单的例子，如果孩子因为考试成绩而焦虑，难道他们就要避免考试吗？如果他们因为早恋而焦虑，难道他们就可以挥剑斩情丝，一下子就能从青涩爱情的迷惘和困惑中摆脱出来吗？当然不能。既然不能避免这些问题的发生，孩子们就要做到理性面对，唯有如此，他们才能缓解自身的焦虑情绪，也才能全力以赴地做最好的自己，这才是最重要的。

逃避的方式还会给孩子带来罪恶感和愧疚感。例如，他们会因为逃避而觉得内心虚弱，而在逃避之后，虽然短暂摆脱了负面情绪，但是要不了多久他们又会坠入焦虑的深渊无法自拔。正如成功学大师卡耐基所说的，“你所担心的事情99%都不会发生”，或者说即使发生，也不会像你所预想的那么严重。既然如此，就不要进行毫无意义的烦恼，而是要勇敢面对，所谓兵来将挡，水来土掩，恰恰告诉我们直面问题的重要性。否则，一旦形成凡事都逃避的坏习惯，再想勇敢地面对问题就会很难。

其实，消除焦虑有很多健康的方式，我们要摒弃不健康的方式，从而以健康的方式消除和缓解焦虑。具体而言，不健康的方式有：刻意逃避、暴饮暴食、伤害自己、用酒精麻痹自己、吸毒、离开人群让自己孤独、逃学、旷课、把责任归咎于他人等。这些方式都是很消极的，而且带有自暴自弃的意味，

我们一定要避免这样的方式；健康的方式有：唱歌、跳舞、爬山、体育运动、享受健康的美食、和朋友一起逛街或者喝茶、欣赏美的事物、感受亲情、积极地学习和进取、用文字记载自己的心情、和大自然亲密接触、照顾小动物、绘画等。

介于健康与不健康的方式之间，还有一些中庸的方式，既无害也无利。例如，购物、玩游戏、进食、睡觉、看影视剧等。这些方式相对中庸，是暂时放下焦虑的一种方式，既不是消极地逃避，也不是积极地面对，这是很多人都会采取的方式。当然，父母要正确引导孩子从消极对抗和逃避焦虑转化为积极面对和缓解焦虑，让自己的心情变得更好、让自己的内心更加昂扬向上，这样一来，才能帮助孩子学会积极面对焦虑，也可以引导孩子成功地缓解和消除焦虑。

焦虑会导致孩子身体不适，反过来，身体不适也会导致孩子焦虑。例如，睡眠不足，会让孩子的心情变得很紧张，或者因长时间地学习而缺乏体育运动，也会导致孩子很焦虑。作为父母，不要一味地要求孩子学习，而是应该合理地安排孩子的作息时间，让孩子劳逸结合，尤其要保证孩子充足的睡眠，这样一来，孩子才能心情愉悦。俗话说“人是铁，饭是钢”，健康的饮食也可以给孩子提供足够的能量，让孩子觉得心情愉悦。很多孩子都不喜欢吃早餐，实际上早餐是三餐中最重要的一餐，为此父母再忙也要为孩子准备健康可口的早餐，这样才能保障孩子有足够的能量应付紧张忙碌的学习。需要注意的是，如今有很多孩子不喜欢喝白开水而喜欢喝各种各样的饮料，实际上，白开水是孩子最好的水分补充，孩子尤其要远离各种功能饮料，也不要饮用茶和咖啡等，否则会导致精神亢奋，扰乱正常的精神状态。总而言之，有健康的身体才会有良好的情绪，情绪与身体状态之间是相辅相成的关系，作为父母一定要理性面对孩子，也要帮助和引导孩子处理好情绪问题。

平衡学习与玩耍，让身心健康成长

为了冲刺上名校，年仅3岁的豆豆便开始了紧张而忙碌的学习。当其他同龄孩子还在无忧无虑地玩耍时，豆豆却要在幼儿园的课程结束后去上两个课外培训班。周末的时候，他更是要赶场似的上四个培训班。看着才艺越来越突出的豆豆，爸爸妈妈都很欣慰。他们准备让豆豆冲刺的民办学校要求很严格，他们觉得豆豆会更加符合这所民办学校的要求。

在豆豆3岁到6岁的时候，全家人都如同陀螺一样陪着豆豆忙个不停，因此，全家人对豆豆升学都寄予了深切的希望。在家人给学校交上去厚厚的一摞豆豆的证书之后，等待了3年的面试终于来了，然而，各方面都符合学校要求的豆豆，在面试结束后却被学校拒绝。陪着豆豆一起参加面试的爸爸妈妈崩

溃了，当即质问学校面试负责人为何不录取豆豆。面试负责人说：“孩子各个方面的确很优秀，但是他患有抽动症，我们不能录取他。”“抽动症？”爸爸妈妈感到很疑惑，“什么是抽动症？”面试负责人说：“这个专业问题我们也不能解释清楚，您可以带着孩子看看神经科的医生，相信医生会给您合理的解释。”直到看完医生，爸爸妈妈才意识到豆豆最近这段时间出现的“挤眉弄眼”行为，原来是因为豆豆生病了。在得知抽动症是因为压力大、焦虑严重引起的病时，爸爸妈妈都非常后悔，他们和孩子付出了3年的时间去拼搏，虽然符合了学校的要求，却得到了这样的结果。他们深刻意识到是否上名校不是最重要的，孩子的健康才是最重要的。

在这个事例中，爸爸妈妈举全家之力帮助豆豆学习，就是为了让豆豆上名校。然而，结果却和他们开了一个大大的玩笑，年幼的孩子不知道发生了什么事情，更不知道他3年的辛苦努力，以付出无忧无虑的童年为代价进行的拼搏，全都打了水漂。其实，不是每个孩子都要上名校，在全国顶级的那些大学中，也不是所有优秀的孩子都是一路名校走上来的，他们之中不乏有农村的孩子，上的是村子里最普通的学校，但是他们依然可以通过自身的拼搏考取名牌大学。这个事例告诉我们，学校是孩子成长的一个重要因素，却不是全部因素，孩子最终成长为怎样的人、获得怎样的成就，更大程度上取决于他们自身。因此，在决定孩子成长的诸多重要因素中，孩子自身的天赋、努力、勤奋是最重要的，学校只是一个辅助的因素。父母对于孩子，可以尽量提供好的教育条件，却不必舍本逐末，从而忽略了孩子身心的健康成长。

现代社会，几乎所有的父母都陷入教育焦虑的状态，因此他们对孩子寄予了更大的期望。这样一来，父母的教育焦虑就无形中转化为孩子的学习压力，很多孩子还没有开始上幼儿园，就开始上各种兴趣班、补习班，原本无忧无虑的童年时光，被各种学习内容所填满。孩子小的时候对于时间的紧张也许还没有明确的感觉，但是随着孩子渐渐成长，他们的独立自主意识越来越强，为此他们更想获得自己可以自由支配的时间。这样一来，学习与玩耍之间的冲突就爆发了，孩子也因为无法平衡学习与玩耍的时间而陷入焦虑的状态。

不仅孩子面对学习与玩耍的冲突，很多成人也面临工作与生活的冲突，因此父母也需要学会平衡。很多父母常常对孩子说："你不需要操心其他的事情，只需要把学习搞好，这就是你的任务。"父母误以为孩子的生活就是吃喝拉撒和学习，而实际上孩子还有一项重要的成长内容，那就是社会交往。对于孩子而言，社会交往对于成长的作用并不次于学习，甚至比学习更强。为此，作为父母一定不要本末倒置，不要觉得孩子可以牺牲社交的时间全身心投入学习，而是要意识到对于孩子而言社会交往也是很重要的。孩子只有身心健康，才能更好地学习和成长，而与同龄人相处，正是孩子成长的必要途径之一。

很多孩子产生焦虑的原因都是因为压力，而压力的来源则是因为孩子的时间不够用。在这种情况下，要想降低孩子的焦虑程度，父母要引导孩子学会合理安排时间，让孩子平衡好学习与玩耍之间的关系，唯有如此，孩子才能减轻压力，缓解焦虑。

从这个角度而言，孩子要想缓解焦虑，最根本的方法在于学会安排时间。当孩子能够安排好时间，让生活和学习秩序井然，他们的学习效率就会更高。细心的父母会发现，当人处于焦虑状态时，就会产生各种稀奇古怪的想法，也会导致内心不安、心生不宁。其实，很多事情并不会像我们想象得那么糟糕，也未必会发展到我们所预想的最坏的结果。我们可以把心态放平，也可以对事情进行更好的预期。当然，也要以这样的好心态引导孩子，从而让孩子远离焦虑、健康快乐。

主宰情绪，才能战胜焦虑

在外人看来，小朵生活在一个很幸福的家庭里，爸爸是销售员，妈妈是老师。其实不然。当销售员的爸爸经常需要陪客户喝酒应酬，还总是出差。当老师的妈妈常常因为爸爸要出差，或因爸爸常常醉醺醺地回到家里，而与爸爸吵架。有一次，爸爸喝醉了很晚才回家，到家后吐到沙发上，把沙发吐得脏兮兮的，为此妈妈狠狠地和爸爸吵了一架。

夜深了，小朵躺在自己的床上，听着隔壁爸爸妈妈的争吵声，还听到了东西被砸碎的声音。小朵心惊胆战，生怕爸爸妈妈吵着吵着就打起来，她不想看到任何人受伤，也不想看到爸爸妈妈离婚。她觉得很郁闷，内心很惆怅。然而，她无法控制这一切，只能在紧张焦虑的状态中熬到困倦得睁不开眼睛，才勉强入睡，有的时候睡着了也会做噩梦。渐渐地，小朵的情绪也变得越来越焦虑，她常常大发脾气，无缘无故就会大喊大叫，再后来，她对于父母的争吵从焦虑过渡到麻木冷漠，她深深地被抑郁困扰。

在这个事例中，因为父母不和，小朵陷入负面情绪之中，而且也因为父母的争吵，她感到愤怒沮丧，缺乏安全感。实际上，父母的争吵会给孩子带来严重的伤害，长此以往，还会导致孩子对情绪失去主宰和掌控的能力。而一旦孩子对情绪失控，不但会陷入焦虑之中无法自拔，还会因此而产生其他的负面情绪，导致行为举止发生改变。为此，父母一定要给孩子一个和谐的家庭氛围，不要总是激发孩子的愤怒。在简单快乐、平静愉悦的情绪状态下，孩子才能成长得更快乐。有些孩子长期生活在冷漠的家庭氛围中，也会因此而变得麻木冷漠，父母不要被孩子的表象所蒙蔽，要更加理性地认知孩子在麻木冷漠背后隐藏的焦虑，只有这样才能引导孩子缓解焦虑情绪，也才能给予孩子更好的情绪照顾和疏导。

焦虑的本质就是一种负面的情绪，父母要引导孩子主宰情

绪，帮助孩子战胜焦虑。否则，如果孩子被情绪奴役和驱使，这将导致其内心起伏不定，进而会被焦虑困扰。要想帮助孩子减轻和缓解焦虑，最重要的就是帮助孩子认清楚焦虑，也让孩子知道焦虑的来源。所谓解铃还须系铃人，当知道了问题的症结所在，才能缓解焦虑，也才能真正地解决问题。

有些性格比较极端的孩子，在极度焦虑的状态下，也会有破坏性的行为。例如，砸东西、摔东西，或者做出伤害自己的事情。实际上，他们只是在以这样的行为表现来掩饰自己的内心，他们因为焦虑而感到心虚，也感到愧疚，为此父母一定要识别孩子用来掩饰焦虑的各种负面情绪，从而才能看到孩子的本质，给予孩子更好的帮助。

改变思维模式，有效减轻焦虑

最近，7岁的皮皮陷入了焦虑状态，原来，他刚刚上一年级，写字写得还不够好，每当在作业本上写错了字的时候，皮皮就会撕掉一页作业纸，渐渐地，作业本都快被他撕光了。皮皮越是这样就越是紧张，再次在新的一页作业纸上开始写字的时候，他还是会出错。为此，皮皮郁闷极了，总是觉得内心不安。有一天，皮皮正在写作业，已经撕掉了好几页作业纸，但还是出错，他索性把整个作业本都丢入垃圾桶。妈妈不解，

问：“皮皮，你在干什么呢？”皮皮说：“我总是写错，太烦人了！”妈妈看到皮皮懊恼的样子，安抚皮皮：“皮皮，写错了是正常的。你才刚刚开始学习写字，无法一下子就写得很好，错一点儿也没关系，擦掉就好。”皮皮说：“擦掉之后，也会留下一个黑色的印迹，很难看。”妈妈说：“黑色的印迹就是在提醒你下次不要犯错。每个人都会犯错，爸爸妈妈也会犯错，只要改正错误就好。”皮皮有些释然：“真的吗？你和爸爸也会犯错吗？”妈妈毫不迟疑，肯定地点点头。

很多孩子过于追求完美，不喜欢作业本上有错误的地方，为此，他们一旦犯错就会很焦虑。对于低年级用铅笔和橡皮的孩子，写错了还可以用橡皮擦掉，但是对于高年级开始用钢笔的孩子，写错了就很难擦掉，因为出现错误而导致的焦虑会更加严重。作为孩子，要接受自己犯错误的事实，尽量减少犯错误的次数而不是从不允许自己犯错误，只有接纳了自己，才能更好地改正错误。

细心的父母会发现，越是固执的孩子越容易陷入焦虑，这是因为他们的思维走的是直行线，不容易拐弯。殊不知，这样的直行线，会导致思维拧着劲儿，也会导致问题拧着劲儿。还有些孩子是非观念特别强，不管思考什么问题都是非对即错、非黑即白，这样一来，他们就会走向两个极端，无法全面客观地认知事物，在思考问题的时候，也就无法灵活面对，更无法给自己回旋的余地。殊不知，很多事情都是复杂的，而且随时都处于变化和

发展之中。如果一味地走极端，不但不能调整思路灵活面对，还会导致自己棱角分明，尤其在人际相处中，爱走极端的人很难得到他人的欢迎和喜爱。

要想改变思维方式，还要多看到事情积极的一面，不要对于一切事情都持有全盘否定的态度，更不要先入为主。而是要更加理性全面地认知事情，顺势而为、随机应变。很多孩子情绪很多变，因为缺乏人生经验，导致在面对很多事情的时候情绪复杂，头脑一热就做出错误的选择和决定。老司机都知道遇到红灯宁停三分不抢一秒，父母和孩子在遇到事情的时候也要宁停三分不抢一秒，这样才能恢复情绪，保持理智，从而妥善圆满地解决问题。否则，一味地在情绪之中感到忧愁和无奈，只会导致内心失去平静，也会使得智商降低，缺乏理智。

要想减轻焦虑，还要避免过度追求完美。大多数完美主义者都有焦虑的表现，是因为他们过度追求完美，而且总是不愿意原谅自己的任何错误。俗话说，人生不如意十之八九，我们最重要的不是逃避不完美，而是接纳不完美；不是强求不完美，而是悦纳不完美。只有认识到不完美是人生的常态，我们才能在成长的道路上不断努力进取、持续前进，也才能让自己有越来越好的表现和更加长足的进步与发展。

为了让自己和孩子都远离焦虑，父母要给孩子做好榜样，注意自己的言行举止，不要在与孩子相处的过程中，无形之中使用那些因认知扭曲而引起的语言扭曲的危险字眼。例如，必须、每次、所有人、全部、就应该、没有、绝对不能等。这些字眼带有绝对的意味，是极端的表现，是没有例外的表达，这间接表现出说出这些话的人的思维是扭曲的，为此，一定要尽量避免。如果父母经常说这些字眼，就会潜移默化地影响孩子，导致孩子的思维模式和语言表达、行为习惯也带有固执的色彩。在说这些词语的时候，细心的父母会发现自己情不自禁，会变得愤怒和激动，而这些词语同样会给孩子带来愤怒和激动的情绪状态，为此一定要避免。记住，焦虑并非不可控制，我们一定要选择正确的方法面对焦虑、缓解焦虑，尤其是父母的一言一行不但影响自己，还深刻地影响着孩子，只有谨言慎行，才能做好自己，才能给予孩子积极的影响，让孩子健康快乐地成长。

小测试：你的孩子焦虑了吗

（1）你的孩子是否有完美主义的倾向，凡事都追求完美，不能接受小瑕疵？

（2）你的孩子是否常常会莫名其妙地陷入负面情绪之中无法自拔，内心紧张，压力很大？

（3）你的孩子是否长久地保持沉默，不愿意与身边的人相处？

（4）你的孩子是否会莫名其妙地哭泣，却又说不清楚原因？

（5）你的孩子是否告诉你他感到很紧张，内心惶恐？

（6）你的孩子是否主动要求想要看心理医生？

（7）你的孩子是否很冷漠、很麻木，对于很多曾经触动过他的事情表现出无动于衷？

（8）你的孩子是否不愿意与你交流？

（9）你的孩子是否会感到内心紧张，无法从容面对一切？

（10）你的孩子是否常常走极端，说那些不可回旋的话？

上述这些问题中，如果对于大多数问题的回答是“是”，那么你一定要留心，因为你的孩子很有可能已经患上了焦虑症，甚至深受焦虑症的困扰。作为父母，你要更加关注孩子的心理状态，必要的时候，还可以带着孩子寻求心理医生的帮助。切勿讳疾忌医，否则孩子的焦虑就会更加严重。

第2章

探寻原因，是什么引发了儿童的焦虑

孩子很容易陷入焦虑的状态之中，遗憾的是很多父母对此无知无觉，也有很多父母根本不知道是什么原因引起了孩子的焦虑。所谓解铃还须系铃人，在这种情况下，父母更无从了解孩子焦虑的真正原因，也就不可能有效缓解孩子的焦虑，帮助孩子消除焦虑。最重要的是，一定要探寻孩子焦虑的真相，解决引起焦虑的根源问题。

后天期末考试！
××学校
儿子怎么啦，为什么愁眉苦脸？
又要考试了，我还有好多没学会。
儿子别担心，晚上回去爸爸给你突击辅导。
探寻原因，对症下药，还孩子无忧童年。

哪些感受会引起焦虑

马上就要进行期末考试了，小丁非常紧张和焦虑。他只是一名一年级的新生，此时距离考试还有3天的时间，但是他做梦都能梦到考试，甚至有一天还着急地从睡梦中哭醒，他梦到他很想及时赶到学校，却一直不能到达学校。看着小丁满脸泪水的样子，妈妈安抚小丁："宝贝，考试就是一次测验，看看你对于老师所讲授的知识有没有把握好，你不需要这么紧张焦虑的。"小丁茫然："我没有紧张啊，也不焦虑，焦虑是什么？"原来，小丁还不知道焦虑为何物呢。妈妈耐心地向小丁解释："焦虑是一种情绪，就像你现在这样，还没有考试就特别紧张，连睡觉都不安稳了，就是焦虑。"小丁恍然大悟："我这样就是焦虑啊！"

小丁问妈妈："那么，我如何才能不焦虑呢？"妈妈笑着对小丁说："以后你在上学的过程中还会经历很多次考试，不要紧张，用心去做，和平时写作业一样就行。"在妈妈的安抚下，小丁焦虑的感受没有那么强烈了。

在这个事例中，小丁并不知道焦虑为何物，也不知道自己正在被焦虑困扰，为此他才会很迷惘、很困惑，也才会很无奈。作为父母，一定要及时了解孩子的情绪状态，其实，日常生活和学习过程中的很多事情都会导致孩子的情绪出现波动，都会使孩子在不知不觉间陷入焦虑的状态。最重要的在于，父母要认真、用心地观察孩子，知道孩子的心理动向，从而才能有的放矢地帮助孩子缓解焦虑，也才能真正从根源上帮助孩子消除焦虑。

作为父母，如果不知道孩子为何焦虑，或者无法判断孩子是否焦虑，可以观察孩子的身体反应。这是因为在情绪焦虑的状态下，孩子不但情绪起伏不定，而且身体也会有很明显的反应。从心理学的角度而言，在焦虑没有到来之前，身体反应就会起到预告的作用，从而让我们感知焦虑。在身体做出对焦虑的反应之后，大脑才会对焦虑有所反应，为此，作为父母不管是面对自己的焦虑，还是面对孩子的焦虑，都要从身体反应着手。和焦虑相比，身体反应就像是焦虑打给我们的电话，让我们在焦虑情绪真正如同潮水般来袭之前，先做好心理准备和情绪准备。焦虑引起的身体反应有哪些呢？诸如咬牙切齿、呼吸急促、满脸涨红等，都是人在紧张时的常规反应，而当焦虑特别严重的时候，人们还会觉得胸部疼痛、胃部不舒服、口干舌燥、身体忽冷忽热等。当人长期处于焦虑情绪的困扰之中时，还很容易患上严重的感冒发烧，身体抵抗力下降。也有人会有头昏脑胀、浑身颤抖、浑身冒汗等症状，这些都是焦虑的明显表现，父母一定要对孩子的相关表现密切注意，这样才能通过

身体反应及时洞察孩子的情绪状态和心理状态，从而给予孩子及时有效的引导和帮助。

焦虑到底从何而来

知道焦虑的来源，对于缓解和消除焦虑有积极的作用和良好的效果，如果根本不知道焦虑从何而来，则既不能避免，也不能有效缓解。正如人们常说的，人生不如意十之八九，不如意是人生的常态，一个人不管内心多么强大和淡定，也要努力要求自己淡然从容，否则会因为各种各样的原因而陷入焦虑状态。作为父母仔细回想，会发现自己在某个特殊阶段一定曾经感受过焦虑，这种焦虑或者是由来已久，由量变引起质变，也有可能是因为突发情况而突然产生的。总而言之，焦虑有各种各样的原因，我们要做的就是提前做好应对焦虑的功课，知道焦虑产生的原因，才能有的放矢地缓解焦虑，消除焦虑产生的根源。

和积累已久而爆发的焦虑相比，那些突如其来的焦虑往往是让人感到非常无奈和被动的。当然，这些焦虑是没有预警的，只在即将发生的时候会有身体反应，要想应付这样的焦虑，我们就要调整好心态，以不变应万变，只有这样才能让我们的人生有更好的出路和更从容的表现。总而言之，不要对焦

虑抵抗和排斥，否则就会导致内心更加痛苦，也会使得人生的状态更加糟糕。作为父母，只有了解自身的情绪，并深入了解孩子，才能知道在亲子相处以及在引导和帮助孩子学习与生活的过程中，如何更好地指引孩子，提升教育孩子的效率，这才是最重要的。

通常情况下，触发孩子的焦虑有以下这些常见的原因：当身体感到不舒服的时候，情绪一定会有波动，尤其是在经历那些慢性持久的疼痛状态时，孩子会更加焦虑；当独自一个人很寂寞无聊的时候，孩子如果没有合适的事情可以做，或者对什么都不感兴趣，也会变得很焦虑；当去学校上学的时候，承担学习的重任和感受学习的压力，孩子也会感到焦虑；如果夜晚的睡眠状态不是很好，孩子会因为缺乏睡眠或者不能拥有优质的睡眠状态而陷入焦虑之中；父母感情不和，家庭关系破裂，会导致孩子缺乏安全感，自然紧张焦虑，这是为什么很多单亲家庭的孩子都有各种各样的心理疾病的原因；在公开场合发表演讲，甚至在课堂上回答老师的问题或者与老师交流等，都会让孩子感受到压力；面对一个无法完成的任务，内心觉得紧张，压力山大。总而言之，没有孩子的成长会是很顺遂如意的，而且孩子本身对于情绪的控制能力就比较差，为此更需要父母的帮助和引导。

父母还可以观察孩子的焦虑模式，对孩子进行长期的观察和细致入微的记录，这样一来，就可以了解孩子在何时容易感

到焦虑，找到孩子焦虑发生的规律，从而有的放矢地引导孩子缓解焦虑、战胜焦虑。其实，焦虑是正常的情绪和心理状态，每当焦虑发生的时候，不管是对于自身的焦虑还是对于孩子的焦虑，父母都不要过于紧张，而是要端正态度面对和引导孩子，这样才能帮助孩子，也可以在孩子的规律性焦虑还没有发生之前，做好预案和准备工作。

面对紧张引起的焦虑

演讲比赛已经开始了，现在是第五名参赛选手站在讲台上慷慨陈词。若若排在第八名，此时此刻，她紧张得手心直冒汗。这是她第一次参加演讲比赛，她很害怕自己会忘记演讲稿，也害怕自己站到讲台上的那一刻脑子会一片空白，根本无法说出话来。为此，她在准备区不停地走来走去，而且总是想上厕所。看到若若的样子，妈妈对若若说："若若，你其实可以不必这么紧张。你只要把这当成一次排练就好。"若若哭丧着脸说："但是我知道这不是排练。"妈妈笑起来："你这么想，就无法把这次演讲当成排练，你要告诉自己'这只是一次排练'，你还要告诉自己'我是最棒的'。当然，如果这些都不能让你保持平静，你还可以问自己'演讲失败了怎么办'，你会发现生活和学习都会一切如常，所以演讲比赛并非像你所想象的那么严重，你只要用平常心对待，尽力而为就好。”

若若说：“我无法静下心来。”这个时候，精通瑜伽的妈妈让若若以打坐的姿态坐好，挺直身体，双臂自然放在膝盖上，然后专注于呼吸。在不停呼吸的过程中，若若的呼吸从急促转为舒缓，渐渐地，她的内心恢复了平静。紧张感烟消云散，若若的情绪也恢复了正常。后来，若若上台演讲的时候，表现得非常好，还取得了非常好的成绩。

在这个实例中，若若因为是第一次参加演讲比赛，所以心里很紧张，这是情有可原的。作为妈妈，没有指责和训斥若若，更没有强求若若不要紧张，而是尝试着安抚若若，而且还用打坐冥想的方式，在短时间内帮助若若恢复均匀的气息，从而解决了困扰若若的难题，让若若有了良好的表现。

其实，不只是孩子第一次在公开场合发表演讲的时候会紧张，很多公众人物，如身经百战的歌星在发表演讲的时候也会内心紧张，甚至紧张到忘词。只不过他们的舞台经验很丰富，所以可以不漏痕迹地掩饰过去而已。所以父母不要责备孩子的紧张，作为孩子更不要被紧张引起的焦虑情绪所困扰。唯有缓解情绪，让孩子的情绪找到一个宣泄的渠道和平静的方式，这样才能帮助孩子真正平静地面对生活、面对一切。

在特别紧张焦虑的时候，除了静心冥想调匀气息之外，还可以采取转移注意力的方法让自己的内心恢复平静和理性。转

移注意力也是暂时恢复平静的好方式，可以帮助我们从眼前困扰我们的难题中摆脱出来，也可以让我们更加专注于接下来要做的事情。细心的父母会发现，在情绪冲动、激动的状态下，哪怕只是保持几分钟的平静，也能够给情绪一个缓冲的时间。身体与情绪从来不是孤立的，它们之间联系的紧密程度甚至超出我们的想象，为此我们一定要更好地调整情绪，协调好自己与身体的关系，给予自己更大的空间去回旋情绪、平复情绪，也保持冷静和理智。

了解身体，远离焦虑

前文说过，身体在焦虑来袭之前会有各种反应，这些反应就像是身体的预警，会从身体的各种症状中明显地表现出来。为此，即使有些焦虑是因为突发事件而突然产生的，父母只要认真用心地观察孩子的身体状况，也就可以给予孩子更好的帮助和引导，甚至可以在焦虑真正到来之前未雨绸缪，起到缓解焦虑的作用。

很多焦虑的发生都是从身体开始的，然后渐渐侵入人的心灵，影响人的整个身心系统的正常运转。由此可见，虽然焦虑是一种情绪，还常常来得突然，但是只要我们真正关注自身的身体，就能够在焦虑刚刚探头的时候把握焦虑，有效缓解焦虑。否则，如果我们后知后觉，焦虑就会像滚雪球一样越滚越大，最终让我们变得非常沉重、无力应付。为了避免这种滚雪球似的恶劣后果，我们必须提前了解自己的身体，这样才能预防问题的发生，也才能让一切进展更加顺利。

那么，如何了解身体的各种反应呢？唯一的方法就是静观。每当情绪发生的时候，人们总是会情不自禁做出各种应急的反应，甚至还会因为情绪崩溃而歇斯底里。实际上，当身体急于做出反应时，这样的反应往往是在情绪的驱使下做出来的，并不真实，也不能真正代表我们的内心，而且往往产生副作用。最重要的是保持安静，让自己对身体进行全面的观察和了解，唯有如此，我们才能真正了解自己，也才能让身体与大脑之间的反应变得更加理性和积极。否则，一旦养成大脑不假思索就对情绪做出过激反应的坏习惯，则只会导致我们越来越被动，也会导致我们被情绪驱使，做出很多糟糕的反应。所以处理好自己的情绪问题，远离焦虑，是非常重要的。

当然，有些人应对身体和情绪的反应很顺利，是因为他们有很强的情绪感知能力和对于身体的控制能力，也有些人应对身体和情绪的反应很艰难，这往往是因为他们不喜欢自己的身体，或者因为疾病、超重、超轻等各种问题，而对于身体感到排斥，这些都会导致身体和情绪的反应关联不够密切，也缺乏积极性。在这种情况下，静观可以帮助我们在身体与情绪之间建立稳定的联结，让我们更加专注于自己的身体，也让我们用

心感受每一次呼吸。

具体做法：找一个地方平静下来，这个地方要保持安静，没有外界的干扰，接下来集中所有的精神和意志力，专注于呼吸，并且要专心感受身体与地面的接触点。在做好这一切之后，我们就要感知身体，把注意力集中在身体的某一点。此外，还可以顺着吸气的轨迹来感受身体器官，这样一来，就可以让自己的精神和意志更加集中，也可以让我们的内心渐渐地恢复平静。在如此专注的一个过程之后，就可以驱散焦虑、活在当下、专注于眼前、着手开始专心致志地做该做的事情。

孩子常常会在比赛前感到紧张，甚至紧张到忘记带比赛的装备，紧张到考试的时候记错时间、走错考场。不得不说，这样的行为表现意味着孩子的焦虑已经达到一定的程度，父母要做的就是引导孩子恢复平静，哪怕只有几分钟的时间，真正的平静也可以帮助孩子缓解焦虑、减轻焦虑。在这几分钟的时间里，孩子一定要关注自己、关注当下，感知周围的环境以及正在发生的事情，而不要进行情绪活动，只是纯粹感知而已。在经历了这样的专注之后，孩子们就会有更好的表现，也会更加平静和专心。当然，静观练习的前提条件是接纳，而不是排斥和否定，更不是嫌弃和厌恶。接纳自己，悦纳自己，是孩子进行静观练习的先决条件。

拥有积极的想法，让自己收获快乐

孩子的焦虑不仅仅来自身体、来自外部的世界，还有可能来自自身的想法。现代社会，不仅成人的生存压力很大，孩子的生存压力也很大。尤其是在如今全民陷入教育焦虑的特殊状态里，作为父母要想帮助孩子缓解和消除焦虑，就更要煞费苦心，找到能够帮助孩子的合理方法。

前文说过，当焦虑情绪即将来袭的时候，身体是会给我们发出预警的，在这种情况下，不要一味地相信预警，因为预警有真的预警，也有假的预警。为此，必须区分清楚真预警和假预警，我们才能从复杂的想法中剔除那些会引起焦虑的想法，从而拥有积极的想法，收获快乐。当然，就像坏人脑门上没有写字一样，假预警的脑门上也没有写字，对于缺乏甄别能力的孩子而言，要想识别出假预警，就要多多观察、用心判断，从而做出积极的改变。当然，在此过程中，父母要多多引导和帮助孩子，也要给孩子树立积极的榜样作用，从而全方位地给予孩子正向力量和作用，帮助孩子健康快乐地成长。

要想区别这些想法到底是积极的还是消极的，我们同样需要静下来。人的头脑里装满了各种事情，这些事情之间并非完全独立的，而是有着千丝万缕的联系。有的时候，一件事情的发生会导致很多事情的改变，为此我们的头脑就像是装满泡沫颗粒的容器，动一下，就会有很多泡沫颗粒跟着旋转起来。

虽然我们要让各种事情之间都有关联，但是很多情况下关联并不需要太过于紧密，而是可以适度松散，这样一来很多事情就不会都搅和到一起，而是可以有的放矢地发生。要想做到这一点，我们就要把一团糨糊、千丝万缕的事情进行合理区分，这样才能条分缕析，秩序井然。

当然，孩子还小，对于情绪的感知能力和梳理能力都相对较差。父母要引导孩子知道是哪些想法导致他们变得紧张和焦虑，从而在未来的生活中，尽量避免这些想法的产生。此外，也可以尝试用想象的办法假想事情已经真的发生，这样一来，就可以洞察自己在面对具体事情时身体和情绪所发生的反应，敏感的孩子甚至可以准确感知到自己身体的某一个部位不舒服，这些都是至关重要的。熟悉正念冥想的父母会知道，在专注于呼吸的过程中，那些负面情绪也会随着呼气而渐渐减轻，当然，要想达到这样的境界，只是简单的练习是远远不够的，而是要坚持长期练习，平复气息。

在日常生活中，父母也要给予孩子积极的影响，而不是总在孩子面前唉声叹气，诉说生活的烦恼。孩子毕竟还小，正处于各种价值观的形成时期，非常关键，而父母是孩子最信任的人，孩子与父母朝夕相处，对父母耳濡目染，为此对于孩子的影响力非常大。作为父母，一定要谨言慎行，给予孩子最好的关心和照顾，也及时引导孩子的情绪，缓解孩子的焦虑，这样孩子才能健康快乐地成长。遗憾的是，现实生活中有很多父母有太多的不满意和巨大的压力，而且总是会在情不自禁的状态下表现出来。殊不知，这样的委曲求全、这样的内心焦虑不安，最终都会传染给孩子，都会导致孩子的想法也变得消极。真正明智的父母会给孩子树立积极乐观的榜样，也会最大限度地激发孩子的潜能和力量，唯有如此，孩子才会变得快乐起来，也才会更加有信心面对人生的各种境遇，拥有充实美好的生活。

小测试：

（1）孩子很容易因为一些小事情而感到焦虑不安吗？

（2）遇到突发情况的时候，孩子会感到慌乱失措吗？

（3）不管发生什么事情，孩子的第一反应是否是抱怨？

（4）年幼的孩子是否要依赖父母的帮助，才能恢复情绪的平静？

（5）在可以的情况下，孩子是否也不愿意开解自己，帮助自己获得心理平衡？

（6）日常的小事情，是否会导致孩子很紧张呢？

（7）孩子与父母之间的关系是否剑拔弩张，根本不能平心静气地交流？

（8）孩子是否不知道自己为何会感到焦虑，以及哪些想法会引发他们的焦虑？

（9）孩子的直系亲属有焦虑的人吗?

（10）孩子在所有情况下，都无法控制情绪吗?

在上述这些问题中，孩子回答是的频率越高、次数越多，说明孩子容易被焦虑困扰，甚至已经患上了焦虑症。父母一定要密切关注孩子的心理和情绪状态，从而才能有效地帮助孩子，也才能全力以赴给予孩子最佳的引导和照顾。当然，孩子的情绪原本就很容易产生波动，父母一定不要觉得孩子小就不会有情绪和心理问题，实际上孩子的内心是非常敏感的，孩子的感情也是很脆弱的。父母不但要照顾和满足孩子的生理需求，更要关注到孩子的情绪变化和心理需求，这样才能全方位帮助孩子，有的放矢地引导和照顾孩子。

第3章

留意孩子的情绪，及时缓解孩子的焦虑感

很多父母虽然生养了孩子、无微不至地照顾孩子，也竭尽全力为孩子创造最好的条件，但是实际上他们并不了解孩子。有的时候，孩子的情绪会突然发生改变，每当这时，丈二和尚摸不着头脑的父母往往会觉得孩子是在无理取闹，为此对孩子很严厉，或者采取其他错误的方式对待孩子。殊不知，这对于缓解孩子的情绪，帮助孩子恢复平静和理智没有任何好处，只会导致孩子更加焦虑，也使得亲子关系陷入尴尬的状态。

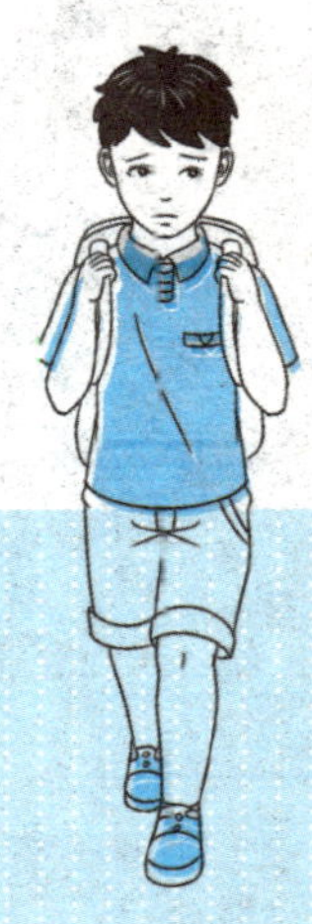

学校后天有舞蹈比赛。阳阳负责给同学们领舞好吗？
好！
阳阳，你想啥呢？注意动作！
一定要跳好，给班级争光。
放心阳阳，妈妈看过，你跳得特别棒！
我很担心，万一跳错，我就给班级抹黑了。
这群小朋友跳得真好！
领舞的小朋友真可爱！

了解儿童情绪的特点

有一个周末，妈妈带着若曦去商场里玩耍。商场里人很多，有个地方正在卖刚出锅的黄桃蛋挞，这可是若曦的最爱。为此若曦马上指着蛋挞对妈妈说："妈妈，我要吃蛋挞。"妈妈看向若曦所指的方向，看到蛋挞之后，当即答应若曦："好的，妈妈给你买！"若曦赶紧飞奔过去，正在此时，有一对年轻的情侣买走了蛋挞，而妈妈还没有到呢！为此若曦很着急，赶紧喊妈妈，妈妈还是慢慢吞吞地朝着蛋挞的窗口走过去。若曦被气得哭起来："蛋挞没有了，蛋挞没有了！"妈妈不以为然："阿姨还在做呢，马上就好！"若曦还是哭哭啼啼，一直到蛋挞做好，妈妈付款之后拿到蛋挞，但是蛋挞实在太烫了，妈妈拒绝了迫不及待要吃的若曦，把蛋挞举高，不让若曦马上就吃，而是耐心地把蛋挞吹凉。

妈妈感受了蛋挞的温度，觉得可以吃了，这才给若曦。没想到若曦生气地把蛋挞扔到地上。妈妈没想到若曦会做出这样的举动，气得推了若曦一下，怒斥道："你这个孩子怎么回事，怎么这么不懂事！"若曦觉得自己受到了莫大的委屈，索性坐在地上哭起来。周围的人纷纷看向若曦，妈妈觉得尴尬极了。

面对年幼的孩子，很多父母常常会遇到这样的尴尬情况，看着情绪突然间歇斯底里且丝毫讲不通道理的孩子，他们无计可施，很难堪，也很气愤。孩子的情绪为何总是这样起伏不定呢？其实，孩子的情绪之所以会出现如此大的落差，除了因为他们年纪小，情绪原本就不稳定之外，也与父母没有掌握正确的方法了解他们的情绪、疏导他们的情绪密切相关。父母要想减少孩子的情绪问题，就要深入了解孩子的情绪。看到这里，很多父母也许会说：我自己的孩子，我还能不知道吗？还真别夸下海口，因为生活中不了解孩子情绪的父母很多，所以才有很多的父母不知道如何采取正确的方式面对孩子，引导孩子的情绪归于平静。在上述事例中，若曦看到蛋挞卖光了很着急，而好不容易等到阿姨做出新的蛋挞，妈妈却又不给她吃，让她只能看着，却吃不到嘴巴里，为此她的情绪才会崩溃。当然，妈妈也很委屈：我是为了你好，怕烫着你才不给你吃的，还耐心给你吹凉。然而，年幼的若曦未必知道烫是什么意思，如果妈妈可以让若曦用手指试一下蛋挞的温度，相信即使放在若曦面前，若曦也不敢去吃。为此，父母要意识到孩子的人生体验有限，可以在保证孩子安全的情况下适度加强孩子的人生体验，这样孩子才能理解父母的苦心。

孩子的语言表达能力有限，还不会用语言熟练地表达自己的心理状态和情绪状态，为此他们一旦感到不高兴，就会采取行动来发泄不满。此外，孩子还很小，内心幼稚不成熟，他们有任何

喜怒哀乐都会表现在脸上和行为上，而不会加以掩饰，这也是孩子的情绪为何总是起伏不定的原因。作为父母，要知道孩子的身心发展特点，也要理解孩子因为情绪波动而做出的行为表现。

父母要知道孩子的脾气秉性，毕竟每个孩子的脾气秉性都是不同的，父母要因人而异，根据孩子的脾气秉性特点去对待孩子，而不要总是呛着孩子的脾气性格去对待孩子。例如，如果孩子乐观开朗，父母可以有话直接说，如果孩子性格内向，而且很自卑，那么父母就不要给予孩子太大的压力，而是要引导孩子多多表达。只有根据孩子的性格，随着孩子的情绪表达，及时调整面对孩子的方式方法，亲子相处才会更融洽，亲子感情也才会更深厚。父母作为成人面对还没有长大的孩子，一定要在亲子关系中占据主导地位，而不要因为孩子情绪波动就也失去控制，否则会使亲子关系变得更加糟糕，也不利于孩子身心健康地成长。

男孩女孩情绪表达有差异

乐乐和欢欢是一对龙凤胎，乐乐是姐姐，欢欢是弟弟。他们俩出生的时间只相差了几分钟，而且是同卵双胞胎，长相也很相似，但是他们的脾气秉性却截然不同。早在襁褓时期，乐乐就表现出温和的性格特征，就是饿了，或者撒尿了，也是柔声哭泣。而欢欢呢，则明显是个厉害小子，一旦哭起来就是一声紧接一声，根本不给妈妈冲奶粉的时间。为此，每次欢欢哭的时候，妈妈都会手忙脚乱冲奶粉，一个劲儿地抱怨欢欢太着急了。

在妈妈的辛苦抚育下，渐渐地，乐乐和欢欢长大了，已经上幼儿园中班了。有一天，爸爸的一个同事带着孩子来家里做客，这个孩子是男孩，叫豆豆，比乐乐欢欢大一岁，是个自来熟，才来到家里没一会儿，就和乐乐欢欢玩起来。豆豆看中了一个轨道汽车，非要玩，但是乐乐舍不得给豆豆玩，又抢不过豆豆，在汽车被豆豆抢走之后，乐乐伤心地掉眼泪。

这个时候，平日里经常和乐乐打架的欢欢看到乐乐受欺负了，马上冲过去，趁着豆豆不防备，把豆豆推倒在地上，而且对豆豆说："你快滚出去，我们的玩具不给你玩。"豆豆号啕大哭起来，乐乐见状很担心，赶紧过来拉着欢欢，让欢欢不要和豆豆吵架。这个时候，妈妈闻讯赶来，问清楚事情的缘由之后批评欢欢："欢欢，你怎么这么暴力啊，你是小主人，应该把东西让给小客人玩。"欢欢说："就不，就不！"说着，欢欢居然站到遥控汽车上面使劲地踩着，说："我把它踩坏，也不给豆豆玩，谁让他欺负乐乐！"

在这个事例中，两个男孩子都表现出很强势的性格特征，而且更加倾向用行动来表达情绪、解决问题。如果妈妈不及时赶到，他们打起来也完全有可能。谁让他们俩都是男孩子呢！和两个男孩相比，乐乐解决问题的方式就缓和很多，她只是哭

泣，而不愿意和豆豆产生冲突，虽然很委屈，却默默掉眼泪。

当有不止一个孩子在一起玩耍的时候，孩子们都会情绪冲动，很容易因为情绪问题爆发冲突，甚至发生推搡和打架事件，尤其是在男孩多的地方，这样的情况更是常见。作为父母，对于孩子之间的冲突不要过于介入和干预，可以引导孩子以自己的方式去解决问题，也可以帮助孩子制定游戏规则，从而让孩子们在规则限定的范围内一起愉快地玩耍。像上述事例中妈妈这样要求小主人必须让着小客人，从礼节上来说是没有问题的，但是孩子的身心发展正处于特殊的阶段，他们还不能理解小主人、小客人的确切含义，而且他们希望得到的是对每个人都很公平的游戏规则，所以妈妈这样的处理方式显然很难服众，最终导致欢欢情绪更冲动，宁愿把小汽车踩坏也不愿意给豆豆玩。其实，欢欢这样的行为不仅是针对豆豆，也是对妈妈处理方式的不满。父母不是孩子的裁判官，尤其是很多父母总会从成人的角度出发去要求孩子，不得不说，这对于孩子而言是很不公平的。为了使孩子更好的成长，父母要端正态度，保持正确的教育观念。在孩子的世界里，一切都是公平的，没有谁应该让着谁，也没有谁一定要战胜谁。父母要了解男孩与女孩不同的情绪表达方式，才能更好地与男孩女孩相处。

通常情况下，女孩的内心更加细腻敏感，表达的时候也很委婉含蓄，她们的情绪相对内敛。相比较女孩，男孩的情绪更冲动，就像疾风骤雨，也许两个男孩在一起很快就会打起来，但是他们会以更快的速度和好，再次玩到一起去。当然，也有可能是因为男孩的语言表达能力在年幼阶段没有女孩强，所以这也代表了男孩爱动手的心理特点。父母要引导男孩和女孩表达情绪，但是总的原则都是要引导宣泄和缓解，而不要一味地压制，导致他们因为压抑的情绪而受到伤害。

哪些因素会影响孩子的情绪

妈妈是高龄产妇，在生下意涵之后，得到公司领导特批，可以休半年的产假。为此，妈妈安安心心、踏踏实实地在家里照顾了意涵半年的时间。本来，女强人妈妈还觉得半年的时间太长了，没想到陪伴在可爱的意涵身边，半年的时间很快过去了，妈妈对意涵依依不舍，但是却要去上班了。在上班前半个月，妈妈把奶奶从家里接过来照顾意涵，本来是想趁着自己在家的时候让奶奶适应一下，没想到奶奶照顾意涵的方式和妈妈照顾意涵的方式完全不同，为此妈妈总是给奶奶提意见，奶奶也愤愤不平：我是来帮你照顾孩子的，你凭什么对我指手画脚。就这样，奶奶才来家里3天的时间，就开始与妈妈斗气。她们觉得意涵还小，为此常常当着意涵的面争吵，也会故意说一些让对方难堪的话。有一天，因为奶奶给意涵吃了有盐的东西，妈妈非常生气，再想到昨天奶奶还用嘴巴咀嚼东西给意涵

吃，妈妈和奶奶大吵起来。

自从奶奶到来之后，爸爸和妈妈的关系也没有那么好了，因为不仅妈妈会给爸爸告状，奶奶也会给爸爸告状。就这样，才过去一个多星期，原本特别爱笑、情绪很好的意涵出现了情绪问题，总是爱哭，有的时候哭起来一个小时都哄不好。有一天，意涵哭得很卖力，嘴唇都发青了，妈妈以为意涵有肠梗阻或者肠套叠，赶紧带着意涵去医院就诊。医生在给意涵进行全面检查之后，证实意涵身体方面没有任何问题，又详细询问了意涵的情况，这才对妈妈说："父母的情绪会影响孩子，或者其他照顾者的情绪也会影响孩子。您要找到更好的与奶奶相处的方法，否则会对孩子的情绪造成影响。不要觉得孩子小就什么都不知道，其实她是可以感知到的。"在医生的提醒下，妈妈这才意识到问题的严重性，回到家里找到奶奶开诚布公地交流，奶奶也意识到自己的一些育儿方法的确不够科学，表态会按照妈妈说的去做。就这样，妈妈和奶奶相处融洽，爸爸和意涵的情绪也有所好转，尤其是意涵，哭泣的次数明显减少了。

很多人都误以为小小的婴儿无法感知外部世界，更无法感知情绪，其实不然。外部世界和照顾者的情绪，构成了婴儿生存的整个环境，所以婴儿对于周围的环境是非常敏感的。作为父母，或者是婴儿的照顾者，一定不要当着婴儿的面争吵，发泄不良情绪，否则婴儿也会变得焦虑紧张，还会因为情绪而引

发很多问题。

那么，除了照顾者的情绪之外，孩子还会受到哪些因素的影响而导致情绪波动呢？简单来说，色彩、声音、温度、湿度等，都会影响孩子的舒适度，也会对孩子的情绪产生影响。初生的婴儿并不喜欢色彩鲜艳的颜色，相反他们喜欢黑、白、灰色。随着视力的不断发展，他们才会渐渐喜欢上鲜艳的颜色，为此父母不要以鲜艳的颜色布置新生儿的房间，而是要让新生儿更多地看黑白色。新生儿睡眠的时间很长，喜欢安静，为此要保持良好的睡眠环境。偶尔播放音乐给孩子听，也要播放安静舒缓的音乐，这有助于孩子保持情绪的舒缓。此外，随着不断地成长，孩子的认知水平越来越高，认知水平会影响孩子的情绪感受。所以父母一定要为孩子营造良好的环境，这样才能让孩子保持愉悦的情绪，也有利于孩子的身心健康成长和发展。孩子对于外部世界是非常敏感的，父母不要忽略孩子的感受，而是要在了解孩子的基础上给予孩子更密切的关注，这样才能及时调整环境，给孩子营造良好环境，有效减少孩子不良情绪的产生，帮助孩子收获更多的愉悦。

孩子也有情绪周期

刚刚上小学一年级的豆豆，从熟悉的幼儿园环境进入小学

的环境里，开学之初每天都非常高兴地去学校。开学两个月之后，妈妈看到豆豆一切表现都很正常，就放下心来：看来，豆豆已经适应了小学生活。没想到，有一天豆豆早晨起床的时候就赖床不愿意起来，等到磨磨蹭蹭、慢慢吞吞洗漱完之后，又对妈妈说："妈妈，我今天不想去上学。"妈妈听到这句话很吃惊："你为何不想去上学呢？今天是周三，又不是周末？"豆豆一声不吭，妈妈追问："你是觉得哪里不舒服吗？"豆豆摇摇头。妈妈又问："那么，你是被老师批评了吗？"豆豆说："没有，我表现很好。"妈妈恍然大悟："我知道了，你一定是和小朋友吵架了。其实和小朋友吵架也正常，不过吵完架之后就还是好朋友，对不对？"豆豆赶紧否定："没有，没有，没有吵架！"

眼看着再不出门就要迟到了，妈妈着急地问："那你到底为什么不去上学！你得给个理由啊，难道学校是由着你想去就去，不想去就不去的吗？"豆豆突然崩溃地哭起来："我就是不想去上学，没有原因！"妈妈看着哭泣的豆豆，感到很迷惘，不知道豆豆到底是怎么了。

作为女人，总是说"每个月总有那么几天"，的确，女性朋友因为生理周期的原因情绪会出现规律性波动，其实，很多妈妈都不知道的是，孩子的情绪也是有周期表现的。很多父母都特别粗心，觉得小屁孩有吃有喝的，有什么资格感到生气呢？的确如此，孩子吃喝不愁，被爸爸妈妈无微不至地照顾，为何会感到情绪不好呢？就是因为孩子也有情绪周期，他们的情绪会呈现出规律性变化，因此父母要捕捉孩子的情绪信号，也要帮助孩子疏导情绪。

前文说过，影响孩子情绪的因素有很多，而且孩子的情绪还有周期性改变。又因为孩子并不善于掩饰情绪，而是常常把自己的喜怒哀乐都表现出来，他们受到情绪的影响就会导致行为也发生改变。有的孩子在某一段时间会变得特别爱哭，有的孩子在特定阶段情绪会变得非常亢奋，也有的孩子原本很健谈却变得沉默……只要孩子没有更明显的异常或者是不正常的表现，父母不用过于紧张。作为父母，既要对孩子的情绪明察秋毫，也要了解孩子的情绪周期是正常现象，从而适度对待孩子，有效引导和帮助孩子疏导情绪，让孩子情绪良好、行为平和。

消除情绪地雷，才能保持好情绪

作为幼儿园大班的孩子，若曦开始学习更多的内容了，如画画、唱歌、简单的数字等，为将来升入一年级做准备。然而，在学习各种知识的过程中，老师发现若曦有一个非常奇怪的表现，那就是每当老师布置一个学习任务，如学会一首古诗，或者是画出一幅画的时候，若曦总是非常紧张。其他孩子

已经开始读读背背或者拿起画笔顺畅地作画了，但是若曦却紧张得不知所措。老师不知道若曦怎么了，特意找来若曦的父母了解原因，这才知道若曦从小是由爷爷奶奶带大的，若曦的爷爷奶奶都是大学老师，所以对于若曦的要求非常严格。若曦小小年纪就被爷爷奶奶教会背诵古诗、画画、唱歌，但是她却压力很大，感到非常焦虑，渐渐地在面临新的学习任务时总是很紧张，生怕自己做不好会被批评。

看到若曦面对一项新的学习任务如此紧张，爸爸妈妈这才意识到爷爷奶奶对于若曦的超前教育和高标准严要求，导致若曦很紧张，而且内心惶恐不安。他们带着若曦去看心理医生，心理医生建议给若曦一两年的时间去恢复，不要给她任何压力，让她弥补无忧无虑的童年。妈妈很担心："但是，她明年就要上小学了，刚开始读一年级的时候必然觉得紧张和有压力。"心理医生说："心理健康关系到孩子一生的幸福，晚一年上学又有什么关系呢？否则孩子的情绪障碍越来越严重，再想逆转就很难了。"

在这个事例中，爷爷奶奶的超前教育无疑给若曦埋下了一个情绪地雷，导致若曦在平日里表现没有异常，但是在到了大班需要学习的时候，隐藏在心中的压力马上爆发出来。其实，孩子有自身的成长规律，不管是爷爷奶奶还是父母，都不要对孩子做揠苗助长的事情。就像事例中的若曦，因为被剥夺了快乐无忧的幼儿时光，到了幼儿园大班问题爆发，还要去弥补幼

儿时光。既然如此，为何当初不能让若曦年幼的时候就无忧无虑地度过每一天呢？

从心理学的角度而言，孩子的情绪地雷都是因为环境导致的。看起来，婴幼儿似乎对于周围的环境没有太深入的参与，而实际上婴幼儿正是在感受环境的过程中，发展自身的注意力、观察力，才能够形成完整的认知过程。在潜移默化中，周围的环境就像经过刻录机刻录一样印到孩子的大脑中，为此很多伟大的心理学家对那些成年以后行为异常的人进行研究，发现他们成年的悲剧都与婴幼儿时期以及童年时期的经历密切相关。作为父母，一定不要把情绪地雷埋在孩子的生命之中，要想让孩子生活得幸福快乐，我们就要给孩子营造一个良好的生存环境。

小测试：孩子的情绪健康吗

（1）孩子会随随便便发脾气吗？

（2）孩子会排斥沟通和表达吗？

（3）孩子的消化功能不好吗？

（4）孩子会莫名其妙哭泣吗？

（5）孩子会做噩梦吗？

（6）孩子喜欢与他人相处，结识新朋友吗？

（7）孩子愿意与父母沟通吗？

（8）孩子紧张的时候会咬指甲吗？

（9）孩子做事情的时候能做到全神贯注吗？

（10）孩子有不满意的时候会歇斯底里吗？

（11）孩子是否愿意参加各种集体活动？

（12）孩子会自我否定和批判吗？

（13）孩子害怕黑暗和孤独吗？

（14）孩子害怕小动物吗？

（15）孩子会黏着父母或者爷爷奶奶不愿意分离吗？

（16）孩子经常表现出厌学情绪吗？

（17）孩子是否很自卑，遇到小小的困难就会放弃呢？

（18）孩子是否经常情绪崩溃，又在恢复冷静之后非常懊悔呢？

情绪分析：

0~6分，说明孩子心理健康，情绪正常；7~12分，说明孩子有些情绪低沉，消极沮丧，父母要对孩子进行适度引导；13~18分，意味着孩子的情绪处于动荡之中，心理状态很不稳定，父母要重视孩子的心理和情绪问题，必要的时候带着孩子去寻求心理专家和教育专家的帮助。

第4章

儿童恐惧症，孩子的恐惧从何而来

孩子时常会感到恐惧，他们害怕的东西很多，有的孩子怕黑，有的孩子怕孤独，有的孩子怕睡觉，有的孩子怕与父母分离……孩子怕的东西形形色色，他们的恐惧来自他们的内心深处，来自他们对于未知的一切事物的揣测。孩子的适度恐惧是正常的，一旦恐惧超过限度，就会变成儿童恐惧症，对孩子的生活产生严重的负面影响。因此，父母一定要了解孩子的恐惧，这样才能有的放矢地帮助孩子消除和战胜恐惧。

今天带欣欣回老家
看爷爷奶奶喽。
好哇，我也
想爷爷奶奶。
好痛，呜呜呜......
没事小欣，小鸡
是来替它妈妈跟
你道歉的。
走开，我怕。
小鸡好乖，
我不害怕了。

如何赶走孩子内心的恐惧

夜晚来临，妈妈在给乐乐讲故事。乐乐是个胆小的女孩，她的弟弟欢欢早就已经可以独自睡觉了，但是她却常常觉得害怕。为此，妈妈每天晚上都会给乐乐讲故事，陪伴乐乐入睡。妈妈给乐乐讲着白雪公主的故事，乐乐似乎心不在焉，躺在床上，一直看着窗户的方向。窗户上挂着窗帘，妈妈不知道乐乐在看什么，因而停止讲故事，问乐乐："乐乐，你在看什么呢？"乐乐害怕地说："妈妈，我很害怕，你今天晚上可以不要走，和我一起睡觉吗？"妈妈耐心地安抚乐乐："乐乐，你是姐姐啊，弟弟都自己睡觉了，妈妈认为你也可以做到。"乐乐居然开始瑟瑟发抖："但是，我真的很害怕。"在乐乐的再三央求下，妈妈答应陪着乐乐一起睡觉。

但是等到讲完故事，乐乐却不让妈妈关灯。妈妈很郁闷："不关灯怎么睡觉呢？"乐乐再三对妈妈说："妈妈，不要关灯，不要关灯！"亮着灯，妈妈根本无法入睡，但是看着乐乐害怕的样子，妈妈只好假装闭上眼睛陪着乐乐睡觉。妈妈问乐乐："乐乐，你到底害怕什么呢？"乐乐说不出来。后来，一直等到乐乐睡着了，妈妈才把灯关掉。

乐乐到底害怕什么呢？她说不清楚，妈妈也不知道。其实，孩子还小，对于这个世界充满了未知，为此很多父母看来非常普通寻常的事情，孩子却因为认知能力有限，人生经验缺乏而感到深深的恐惧。他们不理解一些事情，对于一些事情没有把握，当然也就不会像成人一样了解。所以作为父母，要想探究引起孩子恐惧的根本原因，就不要总是站在成人的角度去看待和思考问题，而是要设身处地为孩子着想。

曾经有心理学家提出，恐惧是人的本能，属于“上古情绪”。为此，孩子们恐惧的情绪源于曾经动物性的本能，而不是后天习得的。追根溯源，恐惧起源于敬畏，对于那些未知的事物，孩子们本能地怀着敬畏。为此，要想帮助孩子消除恐惧心理，就要引导孩子认识真相。此外，在现实生活中，孩子们还很容易受到身边的人和事情的影响。例如，孩子原本是初生牛犊不怕虎，对于一件事情根本不害怕，如果身边有人以恐惧的语气说起这件事情有可能引起的严重后果，孩子们心中就会油然生出恐惧的情绪。

除了本能的恐惧之外，还有习得性恐惧。所谓习得性恐惧，指的是孩子已经亲身经历过一件事情，所以当这件事情再次发生的时候，他们就会很恐惧。举个最简单的例子，新生儿第一次在医院打针的时候，根本不知道害怕。甚至几个月的婴儿初次去打防疫针的时候，也不知道发生了什么事情，直到针头刺入他的皮肉，他才会因为感受到疼痛而哭起来。但是随着

孩子渐渐长大，他们知道了去医院就是要打防疫针的，所以他们一旦看到穿着白色大褂的医生和护士就会因为恐惧而大哭，甚至有些孩子看到穿着白衣服的人就会哭泣。这就是典型的习得性恐惧。习得性恐惧是后天形成的，建立在孩子对世界的认知基础上。古人云："一朝被蛇咬，十年怕井绳。"就是这个道理。不过，孩子的习得性恐惧也有被动形成的。例如，当孩子不愿意乖乖睡觉的时候，父母吓唬孩子会有妖怪出来抓人。渐渐地，孩子对于根本不存在的妖怪会产生强烈的恐惧心理，甚至产生心理阴影。父母一定不要以这样的恐吓方式让孩子暂时听话，否则带给孩子的将会是更大的、难以消除的伤害。只有了解孩子恐惧的原因，知道孩子为何恐惧，父母才能有的放矢地缓解孩子的恐惧，或者帮助孩子消除恐惧。

儿童恐惧症有什么表现

今天，妈妈带着娜娜去公园里玩耍，娜娜看到美丽的花蝴蝶翩翩起舞，高兴地跑起来，去追蝴蝶。她跑得太急了，没有留意到脚下的一个小石子，摔倒在地上，膝盖上破了一块皮。娜娜当即大哭起来，妈妈仔细检查娜娜的伤势，发现伤口不严重，只是破了一层皮，留了很少的血。妈妈带着娜娜去附近的医务室进行了消毒包扎，就带着娜娜回家了。回到家里之后，娜娜赶紧向爸爸哭诉："爸爸，我的腿摔了。"爸爸把娜娜抱在怀里一番安抚，娜娜又伤心地哭起来。妈妈看着娜娜的样子，说："娜娜，真的有那么疼吗？已经消毒包扎了，不应该那么疼了呀！"听到妈妈的话，娜娜更伤心了，哭个没完没了，问爸爸："爸爸，我的骨头会断吗？"爸爸回答："不会的，这只是一点点小伤。要是骨头摔断了，你就不能走路了，但是你现在虽然有点儿疼，还是可以走的，对不对？"娜娜迟疑地点点头，似乎并不是很相信爸爸的话。

整个晚上，娜娜都乖乖地坐在沙发上一动不动，而且把腿细心地放在沙发上。要睡觉了，妈妈喊娜娜去洗漱，娜娜哭着说："我的腿受伤了，不能洗啦！"妈妈不禁笑起来："小公主，只要不把伤口沾上水就没事，我只给你洗脚。"看到妈妈要来拉着自己去洗漱间，娜娜忍不住大喊起来："不要，不要，我不要！我不能走路啦！"妈妈有些懊恼："娜娜，你不是说自己很勇敢吗？不要这么娇气，好不好？你的腿已经好了！"娜娜说："没好，没好！"最终，娜娜也不愿意洗脚，爸爸只好把她抱到床上去睡觉。娜娜还是哭哭啼啼，爸爸问："娜娜，你为什么这么害怕呢？"娜娜说："我可不想变成瘸子啊！"爸爸说："不会的，明天就好了。"娜娜说："你骗人。小梦的爸爸就是摔了一跤，现在不能走路，还要拄着拐杖呢！"爸爸恍然大悟，说："娜娜，你的情况和小梦爸爸的情况不一样。小梦爸爸是从楼上很高的地方摔下去的，把骨头摔

坏了。你的膝盖只破了一点点皮，爸爸保证，你好好睡觉，明天早晨起来就又活蹦乱跳的了，好吗？”

原来，娜娜在摔跤之后这么害怕，根本原因是小梦的爸爸呀！爸爸妈妈一直在安抚娜娜，却没有了解娜娜恐惧的根本原因，为此不管怎么安抚娜娜，都无法达到预期的效果。所谓解铃还须系铃人，要想消除孩子的恐惧，就一定要弄清楚孩子为何恐惧，否则只会导致事倍功半。当然，孩子还小，表达能力有限，或者很多年幼的孩子还无法流畅地用语言表达自己的内心。每当这时，父母就要有耐心地询问和了解孩子的真实想法，从而对症下药，消除孩子内心的恐惧。

儿童恐惧症有轻度、中度和重度之分，为此父母要了解孩子所患的恐惧症的轻重程度。通常情况下，轻度恐惧症不会对孩子的生活造成影响，孩子只是表现出害怕的东西和事情比较多而已，只要带着孩子远离让他害怕的人和事情，等到他渐渐长大，内心越来越强大，恐惧的表现也就会好转。相比之下，中度恐惧症和重度恐惧症对于孩子的影响是很严重的，甚至有些孩子会把童年时期恐惧的阴影带到成年生活中，也有些孩子因为严重恐惧而影响身体健康。年幼的孩子因为受到惊吓，往往会出现发高烧等情况，主要原因是他们在惊吓之余心神涣散，内心非常紧张焦虑。

和焦虑相比，孩子的恐惧症表现更加明显。每当孩子感到恐惧的时候，就会情不自禁地急促呼吸，而且脸色煞白、四肢无力，甚至还会发出尖锐的叫声，表现出抑郁、绝望的样子。在这种情况下，父母一定要第一时间安抚孩子，也要尽全力为孩子营造安全的环境，一则要把孩子拥抱在怀里，以肢体上的接触给予孩子更加强大的力量去面对，二则要以孩子能够听得懂的语言向孩子解释他们所恐惧的事情，如此双管齐下，孩子才能尽快恢复正常。有些孩子因为曾经受到过恐惧的强烈刺激，为此往往会在事情发生之后很久的时间里，依然对相关的事物非常恐惧，这是不正常的现象，很容易发展成为恐惧症，父母要引起重视，带着孩子及时寻求专业帮助。举例而言，有的孩子在看到过密密麻麻的蚂蚁感到恐惧之后，会对密集的东西都感到恐惧；有的孩子小时候有过被狗咬的经历，哪怕听到狗叫都会瑟瑟发抖；有的孩子曾经有过溺水的经历，看到水就会害怕，甚至不敢在浴缸里洗澡。这些都是恐惧症的表现，父母要留意孩子的异常恐惧表现，也要积极地帮助孩子，这样才能让孩子远离恐惧，找到快乐。

分离恐惧发生的原因

佳佳两岁半，自出生以来就与妈妈形影不离。妈妈为了照顾佳佳，在休完产假之后，直接辞职全职照顾佳佳，就连晚上睡觉，佳佳都要和妈妈依靠在一起，睡梦中的时候，佳佳常常会

摸索妈妈，只有摸到妈妈的时候，她才会感到安心，否则就会惊醒。一开始，妈妈并不觉得佳佳这样有什么不好，还给佳佳起了个绰号，叫作“小尾巴”。然而，眼看着佳佳已经两岁半了，和佳佳一般大的孩子都去幼儿园上托管班培养独立能力了，妈妈这才惊觉佳佳与她是不可分开的，这可怎么办呢？虽然妈妈不准备让佳佳上托管班，但是面对就连自己上厕所都要跟着站在门口的佳佳，妈妈真的很发愁。

在佳佳3岁的时候，还有半年就要上幼儿园小班，妈妈决定对佳佳进行分离训练。妈妈特意把姥姥从老家接过来，让姥姥和佳佳熟悉一下，因为等到佳佳上幼儿园，妈妈就要去上班，由姥姥负责接送佳佳。但是，佳佳对姥姥很陌生。姥姥来了半个月之久，佳佳才愿意和姥姥在一起，但是妈妈必须也在旁边。有一天，妈妈看到佳佳正在全神贯注地看电视，就悄悄溜出家门去逛街。其实，妈妈倒不是有多么想逛街，而是想看看佳佳看不到自己会有什么反应。果然，妈妈才离开家半个小时，姥姥的电话就打过来了：“佳佳找不到你，哭得撕心裂肺，怎么也哄不好。你赶紧打车回来吧！”救急如救火，妈妈当即打车回家，第一时间出现在佳佳面前。佳佳一头扎入妈妈的怀里，此后一个晚上的时间都扯着妈妈的衣服不愿意撒手。妈妈趁机对佳佳说：“佳佳，妈妈只是出去买件漂亮衣服，让你有个漂亮的妈妈，很快就会回来的。过段时间就要去上幼儿园，和老师、小朋友们在一起，妈妈也要去上班，但是等到你放学了，妈妈也下班了，我们就可以在一起。”佳佳当即号啕大哭起来：“不要，不要！我要和你在一起！”看着哭闹不止的佳佳，妈妈深刻意识到缓解佳佳的分离焦虑迫在眉睫。

孩子为何会有分离恐惧呢？就是因为对父母的依赖。通常情况下，每个家庭里都会有专门的人负责照顾孩子。例如，佳佳的妈妈就是辞掉工作全职照顾佳佳的，所以佳佳对于妈妈的依赖性很强，不愿意与妈妈分离。孩子是很弱小的生命个体，他们尽管不能准确表达，但是却知道自己需要与谁紧密相依，为此他们会很依赖照顾他们的人。当然，孩子害怕分离的对象不一定是妈妈，如果爸爸主要负责照顾他们，他们就会害怕和爸爸分离。谁照顾孩子的时间更长，孩子就会对谁产生强烈的依赖性。为了缓解孩子的依赖性，作为照顾孩子的人，要适度与孩子分离，而不要一分一秒都不与孩子分开，否则就会使孩子形成依赖。其实，父母对于孩子的爱不是一成不变的。对于新生儿，父母当然要全身心地投入照顾，但是随着孩子不断成长，各方面能力越来越强，父母要学会放手，循序渐进地培养孩子各种独立的能力，这样孩子才能不断成长，越来越强大。

父母即使再爱孩子，也不可能永远陪伴在孩子身边。作为父母，一定要明智、理性、适度地爱孩子，这样才能引导孩子健康快乐地成长。父母的溺爱，是对孩子最大的害。明智的父母不会溺爱孩子，而是会给孩子更大的成长空间，让孩子健康快乐地成长，让孩子不断地强大。当然，当孩子已经对父母形

成依赖，出现分离焦虑的时候，父母要注意以下几点：首先，父母要理解孩子不想与父母分开的心情，孩子那么弱小，需要寻求父母的保护和照顾，一旦离开父母，他们会因为缺乏安全感而感到内心不安；其次，父母帮助孩子克服分离焦虑，一定要循序渐进，不能急于求成。很多父母看到孩子胆小的样子很着急，恨不得一下子就让孩子从胆小变得勇敢，从而对孩子采取更多过于着急的手段，其实这样的强制行为会对孩子的身心发展造成伤害。父母一定要有耐心，理解和尊重孩子，逐渐对孩子放手，从而锻炼孩子各方面的能力。作为孩子依赖的人，可以暂时离开孩子，在短暂时间后回来，这样一来，孩子就会知道自己所依赖的人还会回来，渐渐地，分离焦虑就会减轻。

大多数父母都会在孩子需要入园的时候，才去关注孩子分离焦虑的问题，也是为了入园做准备。其实，凡事都要未雨绸缪，提前做好准备，只有这样才能有更充足的时间把事情做得更好。否则，如果总是事到临头再去想办法解决问题，进展就会很艰难。父母应该从孩子小时候开始就引导孩子与更多的人接触，尤其是妈妈专门负责带养孩子的时候，就更要让孩子学会与小伙伴相处。人是群居动物，每个人都需要在人群中生活，孩子也是如此。现代社会，不管是孩子还是成人，学会与人打交道很重要。因此，父母首先要克服自己内心与孩子分离的恐惧，这样才能循序渐进地锻炼孩子，也才能让孩子爱上与父母“渐行渐远”的独立生活。

孩子为何害怕小动物

乐乐很胆小，不但怕黑，常常要求妈妈陪着她入睡，而且还很害怕小动物。有一次，妈妈带着乐乐和欢欢一起去动物园玩耍，动物园里有很多山羊、小鹿等，是可以喂食的。欢欢一到动物园就让妈妈给他买了胡萝卜、白菜等食物喂养小动物。妈妈买了两份胡萝卜和白菜，也给了乐乐一份，但是乐乐离动物很远，把胡萝卜和白菜扔过去，而欢欢呢，则抚摸着小羊的头，拿着白菜和胡萝卜给小羊吃。

乐乐正在丢东西到羊圈里的时候，有一个小羊突然打了个喷嚏，把乐乐吓得一哆嗦，居然哭起来。妈妈赶紧安抚乐乐，但是乐乐再也不愿意喂小羊了，把胡萝卜和白菜都给了欢欢。欢欢与小动物玩得不亦乐乎，妈妈直嘀咕：这俩孩子怎么相差这么大呢？然而，过了没几天，老师就打来电话说乐乐闹着要回家。原来，老师要求孩子们带小动物或者植物去学校，有个同学带了兔子，乐乐很害怕，说什么也不要再待在幼儿园里，坚持要求回家。妈妈无奈，只好把乐乐接回家。

很多人都喜欢毛茸茸的兔子，而且兔子性情很温和，不具有攻击性，为何乐乐却如此害怕兔子呢？是因为她真的很恐惧看到小动物。不得不说，乐乐与很多喜欢小动物的孩子是不同的，如果只是不喜欢，处于轻度恐惧的范围，还不会对生活造成不良影响。如果对于动物的恐惧上升到严重的程度，那么

等到孩子长大之后，就会因为恐惧小动物而影响生活，甚至还会对毛绒玩具产生排斥和抗拒。那么父母就要引导孩子，让孩子渐渐地接纳小动物。其实，孩子对于小动物的恐惧有两个来源：一个是因为曾经受到过小动物的伤害，另一个则是因为不了解小动物，小动物对于他们而言就是未知的事物。因此，父母在孩子年幼接触小动物时，要注意保护好孩子，也要向孩子介绍小动物，这样孩子才会更了解小动物，也会对于小动物更加喜欢。

当然，在引导孩子喜欢小动物的时候，不要心急，所谓心急吃不了热豆腐，如果强迫孩子马上就要接纳小动物，则只会导致孩子对于小动物更加抵触。此外，父母在与孩子相处的时候，还要避免以小动物吓唬孩子。例如，有些父母总是说“让小狗咬你”“让老虎吃掉你”等。这样一来，孩子就会被动地对动物产生恐惧，无法对动物产生爱。当然，小动物的确会对孩子造成伤害，父母在小时候要保护好孩子，等孩子长大一些，也要告诉孩子如何在接近小动物的时候保护好自己。

恐惧一旦产生，想要消除并不是那么容易的事情，必须循序渐进。所以父母引导孩子消除对于小动物的恐惧时也要遵循循序渐进的原则。热爱小动物的孩子会更有爱心，也会在照顾小动物的过程中变得有耐心。而且，热爱小动物的孩子也与大自然更加接近，身心会更加健康快乐地发展与成长。

孩子为何恐惧开学

为期两个月的暑假即将结束，小麦就要开学了。原本在暑假里生龙活虎的她，最近几天看起来明显蔫头耷脑。而且，她每天也不再出去玩了，而是乖乖留在家里补作业。有一天吃晚饭的时候，妈妈问小麦："小麦，作业都写完了吗？就要开学了。"小麦突然很厌烦地回答妈妈："一天到晚就知道作业作业，你的女儿是我，不是作业！"看着小麦沮丧的样子，妈妈丈二和尚摸不着头脑："你疯得不想上学了是吧？天天在家里玩，看电视，四处疯跑，以后就不应该放暑假！"小麦听到妈妈这么说，生气地放下碗筷，回到房间里把门关上，不愿意继续和妈妈说话。

这个时候，爸爸对妈妈说："你没看到小麦最近几天情绪很焦虑吗！估计是不想开学，你就不要刺激她，让她适应下开学的日子吧！"妈妈觉得爸爸说得有道理，学总是要开的，再怎么逃避也没有用，不如就让小麦自己去面对。

曾经有心理学家调查发现，在孩子的群体中，有99%的孩子有开学恐惧症，这就意味着不管是学习成绩好的学生还是学习成绩落后的学生，都不想结束假期去学校里上课。为此，有些父母觉得孩子心态不端正，对着孩子劈头盖脸数落；有的父母觉得孩子怎么能厌倦学习呢，总是训斥孩子。殊不知，孩子有厌学心理是很正常的，有开学恐惧也完全可以理解。即使是

成人，在假期结束的时候也很不想投入压力山大、纷繁忙碌的工作中，更何况是孩子呢？所以父母先要理解孩子厌学情绪的产生，接下来才能引导孩子认识集体生活的好处。

让人惊讶的是，小学、初高中的孩子因为上学有作业，学业压力大，所以出现厌学情绪，为何幼儿园的孩子也会厌学呢？很多父母都不能理解这个问题，觉得孩子去幼儿园就是玩的，在幼儿园里吃吃喝喝，和小朋友们一起玩耍，多么好啊！其实，幼儿园的孩子有开学恐惧也可以理解。孩子在家里无拘无束、随心所欲，一旦去了幼儿园，就不得不被老师管教，还要遵守幼儿园里的作息规律和秩序，这样一来，他们当然会觉得受到约束和禁锢。因此，幼儿园的孩子恐惧开学也就可以理解。

首先，父母要想安抚孩子的开学恐惧，要从调整好孩子的情绪入手。开车的人都知道，在刹车的时候不能突然紧急刹车，而是要有一个适应的过程，所以不能把刹车一脚踩到底，而是要点刹。对于孩子来说，从漫长的假期一下子进入紧张规律的学习生活中，也是很难适应的，所以父母可以在假期结束之前，就给孩子留出缓冲期，让孩子循序渐进地接受即将开学的事实。其次，父母还要深入挖掘孩子为何不想开学，恐惧学校，有的放矢才能解开孩子的情绪疙瘩，否则如果解决的方法不对症，只会导致孩子更加抵触学校。最后，假期中父母在孩子顽皮的时候，切勿当着孩子的面说“再不听话就把你送到学校去”，这样一来，孩子就会以为只有不听话的孩子才被惩罚进入学校，会误以为学校是个可怕的地方。当父母换一种说法“只有表现好的小朋友，才能进入学校学习”，那么孩子就会把幼儿园、学校当成是一种嘉奖，也是对于自己的认可。如此潜移默化地感染孩子，孩子渐渐地从思想意识方面就会认识到学习是件很有趣的事情，也是很美好的事情，从而帮助孩子更加健康快乐地成长。

面对陌生的人、事引起的恐惧

玲玲两岁了，在家里是个不折不扣的开心果，深受全家人的喜爱，但是一旦走出家门，原本活泼开朗的她马上发生改变，成为地地道道的闷葫芦。这还不是最糟糕的，最糟糕的是在面对陌生的人和事情时，她常常会感到恐惧，甚至害怕得哭起来。

有一天，妈妈的同事带着孩子来家里玩，同事的孩子只比玲玲大半岁，按理来说玲玲应该很欢迎小客人，但是玲玲却躲在房间里不愿意出来，而且每当小客人想要靠近她的时候，她就会撕心裂肺地哭泣。同事无奈，只好和妈妈匆忙说了几句话，就赶紧离开。妈妈不好意思地对同事说：“真是不好意思，这个孩子特别内向胆小，也不知道是随谁了！”同事问妈

妈：“平日里，孩子是由你带还是老人带？”妈妈回答：“是由老人带，老人身体不是很好，很少带孩子出门。”同事恍然大悟：“难怪呢。我就觉得这孩子不是胆小，而是认生。要多多带她出门，接触更多的人，渐渐地就好了。她现在年纪小，看到陌生人会感到害怕，也是很正常的。”在同事的劝慰下，妈妈心中才觉得舒服一些。

在这个实例中，玲玲之所以害怕陌生的人和事情，一是因为玲玲还小，二是因为玲玲经常待在家里，很少出门见识更多的人和事情。正如同事所说的，只要爸爸妈妈经常带玲玲去家以外的地方，见识更多的人和事情，渐渐地，玲玲面对陌生的人和事情就没有那么紧张和恐惧了，也会变得更加开朗。

很多年幼的孩子在家里是一个孩子，在家外是另一个孩子，尤其是1~3岁的孩子，他们正处于熟悉和接纳外部世界的关键时期，正在把自我与外界区别开来，为此急需要建立安全感。在此过程中，父母固然要帮助孩子见识更多的人和事情，也需要帮助孩子摆脱对于陌生人和事情的恐惧，从而才能让孩子更加大方。还需要注意的是，一定不要过于急躁，催促孩子或者强制孩子必须接纳陌生环境，否则就会导致事与愿违，使得孩子对于外部世界怀有更加深刻的恐惧。

每个孩子都是独立的生命个体，他们的脾气秉性都是不同的。父母对于孩子要因材施教，而不要总是以别人家的孩子作为自家孩子的标杆，要耐心深入地了解自家孩子的性格特点，才能有的放矢地引导和帮助孩子，才能给予孩子更好的引导。不可否认，有些孩子之所以认生并不是因为他们接触外界太少，而是因为他们本身的性格就是胆小害羞，为此父母要对孩子有足够的信心和耐心，要尊重孩子生命的节奏，有的放矢地去帮助孩子获得成长。有的时候，家里要来客人，父母还可以给孩子通告，提前帮助他们做好迎接客人的心理准备和行动准备，这样一来孩子有了心理准备，自然会有更好的表现。尤其是当有小客人到访的时候，父母还可以引导孩子与小客人进行有趣的游戏，其实孩子与孩子之间的距离是很小的，只要方式适宜，他们之间很快就会熟悉起来，也会更加和谐融洽地交往。

小测试：孩子被恐惧症困扰了吗

（1）孩子感到恐惧后，离开引起恐惧的人或者环境，能恢复情绪平静，或者依然沉浸在恐惧之中无法自拔？

（2）孩子对某些事物感到害怕之后，过几个小时，孩子的生活和行为表现能否恢复正常，还是依然受到严重影响，迟迟不能恢复正常状态呢？

（3）孩子恐惧的是某一件具体的东西，还是恐惧具体东西所属的一类东西呢？

（4）孩子在看图片或者影视形象的时候，能意识到那些东西都是虚构的，还是会害怕得不能自控呢？

（5）对于孩子恐惧的东西，当父母给孩子讲解的时候，孩子可以理解和接受父母的解释，渐渐地消除恐惧，还是无论父母多么绞尽脑汁、费尽唇舌去解释，孩子都无法理解和接受，并且依然感到恐惧呢？

（6）面对新鲜事物，孩子是可以接受，还是一味地排斥和抗拒呢？

对于每个人而言，恐惧都是与生俱来的情绪，为此孩子感到恐惧也是很正常的。如果孩子的恐惧在正常范围内，父母无须过于紧张，如果孩子的恐惧超出了正常范围，那么父母可以深入了解孩子恐惧的原因，从而引导孩子、帮助孩子。

在上述的各种问题中，以前一个选择为主，前一个选择属于正常范围，后一个选择则意味着孩子的恐惧超出了正常范围，父母就要引起重视。父母既不要对孩子的恐惧症过于紧张，也不要对孩子的恐惧症不以为然。只要及时处理和引导，孩子就会渐渐地走出恐惧，恢复正常的情绪状态，而如果任由孩子的恐惧状态肆意发展，孩子就会迷失在恐惧之中，甚至长大成人之后的生活也会受到严重的影响。

第 5 章

儿童强迫症，追求完美的孩子焦虑多

现实生活中，不乏有一些完美主义者，他们不管做什么事情都想尽量追求完美。殊不知，追求完美固然是好事情，但是凡事皆有度，过犹不及，如果人们过度沉迷于追求完美，则会渐渐地迷失自己。不仅成人会有完美主义的倾向，孩子之中也有很多人追求完美。从心理学的角度而言，当孩子过度追求完美，他们就会有程度不同的强迫症表现，也会因此而陷入焦虑的旋涡之中无法自拔。

怎么老是写不完美呢？
欣欣，我看这些字很
漂亮啊，哪里不好？
就是不好嘛！
开饭喽，先吃饭吧！
不，不写好我
今天就不吃饭！
欣欣这孩子太要强
了，我担心她会压
力太大……
是啊，该怎么办呢？

强迫症的各种表现

有一天，小雨正在写作业，妈妈惊讶地发现小雨写作业的时候总是不停地撕掉作业本，感到很疑惑："小雨，你写作业怎么边写边撕呢？"小雨头也不抬地回答妈妈："刚才写错了。"妈妈更纳闷了："写错了不是很正常吗？谁也不能保证自己每次都写得全对，且不需要修改啊！"小雨说："写错了不好看，必须撕掉。"妈妈警惕起来，检查小雨的作业本，这才发现小雨大部分的作业本都只剩下薄薄的几张纸了。

早晨，特特要去幼儿园，但是他却哭哭啼啼不愿意走出家门，为什么呢？原来，特特把最喜欢的一双鞋子穿了整整一个月不愿意下脚，妈妈无奈之下，只好趁着特特睡着的时候把鞋子刷干净了，正在晾晒呢！特特口中念念有词："我就要穿那双鞋子，因为我有奥特曼的发型，奥特曼都是穿着那种颜色的鞋子。"原来如此！妈妈一直以为特特是因为喜欢那双鞋所以不愿意下脚，没想到特特是因为那双鞋子与发型相配啊！哪怕妈妈说明天再穿那双鞋子，或者再买一双一模一样的鞋子，特特也不愿意接受。妈妈只好拿出还很潮湿的鞋子给特特穿上，并且说特特是个小强迫症。

现实生活中，很多孩子都和小雨、特特一样有典型的强迫表现与症状。他们因为过于追求完美，不管做什么事情都对自己有着很高的要求不愿意放松，更不愿意妥协，为此他们过于强迫自己，变得很紧张焦虑。大多数人误以为所谓强迫症，就是不能放下心中执念的表现，实际上，强迫症真正起源于强迫观念。具体解释为，当一个人面对自己不喜欢的人和事物的时候，会竭尽全力想要摆脱这些令他感到不愉快的事情或者人，因此而产生了对自己造成强烈干扰的想法。由此而产生的各种行为，也被称为强迫行为。不可否认的是，在现实生活中，强迫症给人带来的影响是很严重的，主要是因为强迫症患者往往无法控制自己的想法，就连他们自己都觉得这些想法毫无意义，而且令人感到厌恶。他们特别想要消除这些想法，但是内心深处又有一个声音在呼唤着他们拼尽全力去实现这些想法，由此一来，他们的强迫行为就会非常严重，自身也陷入矛盾的想法之中无法自拔。

在成人生活中，强迫症的典型表现是，明明已经锁好家门下了电梯，但是却担心家门没有锁好，再次乘坐电梯上楼去检查门是否锁好，有些严重的强迫症患者甚至会把这样的行为重复好几次；有些强迫症患者明知道有些事情不可为，但是却无法控制自己一定要去做，最终导致这些事情给自己和他人带来严重的伤害；还有些强迫症患者对于秩序特别敏感，不管做什么事情都要按照既定的秩序去做，哪怕其中的某一个程序是毫

无意义的，他们也不愿意改变或者调整，不得不说，这是非常糟糕的事情，会给强迫症患者自身的生活带来很多的烦恼和很大的影响。

从心理学的角度而言，大多数强迫症患者都有过度追求完美的表现，为此他们做任何事情都追求尽善尽美，他们总是要不断地检查，重复简单的动作。在如此反复而且强行压制各种想法却没有取得较好效果的情况下，强迫症患者会变得非常焦虑。不得不说，对于强迫症患者而言，强迫观念绝非简单的想法，而是相当于给强迫症患者的心中投下了一个大炸弹，把他们的内心炸得七零八落。需要注意的是，当强迫观念占据上风的时候，不要不由分说就去抵触强迫观念，因为这么做只会让强迫观念变本加厉。正确的做法是接受强迫观念，并且以适宜的方式缓解因为强迫观念而产生的焦虑情绪，积极乐观地面对，这样才能渐渐地解放自己的思想，也才能让自己的内心真正找寻到丢失已久的自由。

有的时候，仪式感是必需的

一天晚上，爸爸妈妈因为加班到很晚才下班回家，原本以为特特已经睡着了，爸爸就自己用指纹打开门进入家里。没想到，特特正坐在沙发上等着他们呢，看到爸爸回来，特特感到非常焦虑，当即开始哭起来。爸爸不明所以："特特，你不是在等爸爸妈妈回家吗？爸爸妈妈现在回来了，你为什么哭呢？"特特喊道："我要开门，我要开门！"妈妈恍然大悟。原来，爸爸妈妈以往回到家里的时候，都是特特飞奔过去帮忙开门，而这一次特特眼巴巴等着爸爸妈妈回家，帮助爸爸妈妈开门，门却被爸爸自己打开了。

妈妈赶紧拉着爸爸回到门外，并且把门关上。这个时候，妈妈和往常一样喊道："特特，我们回来啦！"特特果然破涕为笑，一边擦着眼泪，一边去给爸爸妈妈开门，而且还和之前一样扑到妈妈的怀里，给了妈妈一个大大的拥抱和甜蜜的亲吻。晚上，特特已经睡着了，爸爸纳闷地问妈妈："特特是不是有点儿轴呢？"妈妈说："他还小，正在秩序敏感期，而且他还追求完美，你打破了他对于秩序的完美追求，这种追求在他心里是有强迫倾向的。等他长大一些，渐渐地就会好了。"爸爸由衷地对妈妈竖起大拇指："不愧是当老师的，简直就是半个育儿专家！"

对于很多有强迫表现的孩子而言，他们对于秩序、仪式等的追求是非常强烈的。如果生活没有按照既定的轨迹去运行，或者秩序被打乱，或者仪式感突然消失，他们都会因此而情绪波动。当然，适度的情绪波动并不会给孩子带来太大的困扰，但是过激的情绪波动却要引起父母足够的重视。孩子小时候正处于秩序敏感期，对于情绪表现出偏执的特点情有可原，如果

随着不断地成长，孩子还是墨守成规，而且因为秩序的打乱和仪式感的缺失而表现出歇斯底里的情绪，父母就一定要重视孩子的表现，也要给予孩子更多的关注和帮助。

现实生活中，很多父母更多地关注孩子的吃喝拉撒，而很少关注孩子的情绪和心理状态，甚至当孩子出现情绪问题的时候，父母还会觉得孩子是在无理取闹。殊不知，这一切都不是孩子故意为之，而是他们的强迫倾向在作怪。现实生活中，很多因素都会导致孩子强迫症爆发，为此父母一定要用心细致地观察孩子的行为表现，也要以更合适的方法引导孩子学会接纳生活中的很多不完美、不如意，唯有如此，孩子才能更加健康快乐地成长。

当然，孩子正处于特殊的成长阶段，如孩子处于秩序敏感期的时候，父母为了帮助孩子形成秩序，也可以适度配合孩子。等到孩子形成内在的良好秩序，父母再适度引导孩子灵活处理好对于秩序的要求，这才是最重要的。总而言之，孩子的强迫表现并不是很过激的，或者是很严重的，父母在日常生活中也不要过于苛刻地要求孩子，而是要给予孩子更大的空间去自由成长、发展天性。自由自在的人生，才是孩子更需要的，而不要让孩子被内心的秩序所局限和禁锢，更不要让孩子因为内心的惶恐而迷失自我，失去内心的坦然从容。

强迫症对于生活的负面影响

玛丽特别害怕细菌，在生活中，她总是很害怕自己被细菌感染，她觉得到处都充斥着细菌，这使得她简直无法自由地呼吸和自主地展开行动。妈妈一开始以为玛丽只是有洁癖而已，后来看到玛丽因为害怕细菌而不愿意出门，每天都要洗手若干次，才意识到问题的严重性。玛丽甚至拒绝上体育课，因为她觉得体育课很脏。每天早晨到学校，她都要用消毒水消毒课桌，而且觉得同桌身上也带着细菌，所以她更愿意独立坐一张课桌，显得很离群。玛丽为何这么爱干净，甚至到了变态的程度呢？

原来，玛丽小时候，妈妈就特别注重玛丽的卫生情况。妈妈本身是有洁癖的，她规定玛丽在外面穿的衣服进入家门的时候就要脱掉，从而换上家里的家居服。不管玛丽拿了什么东西，妈妈都会帮助玛丽洗手，而且每次都要洗得非常认真。妈妈还不让玛丽触碰水龙头，说水龙头上也是有细菌的。正因为如此，玛丽在这样的环境中成长，自己的洁癖也变得越来越严重。除了上学，玛丽几乎不出去玩，因为她觉得自己只有待在家里才是安全的。看着离群、孤独寂寞、性格越来越古怪的玛丽，妈妈不得不带着她去看心理医生，寻求专业的帮助。

每一个强迫症孩子都有严重的强迫表现，这样的强迫观念和行为会给他们带来严重的负面影响，也会导致他们陷入生活的困境。除此之外，他们还会影响身边的人，导致身边的人

也产生困扰。很多家里有强迫症孩子的父母都不理解孩子的行为，也无法接受孩子的很多表现。他们不知道孩子为何会非常坚持做那些毫无意义的程序化的事情或者进行各种仪式，为此他们无法有效地改变孩子的想法。实际上，不但父母无法改变孩子的想法，对于有强迫症的孩子，他们自己也无法改变自己的想法。

强迫症的思维模式是很特别的，处于一个矛盾之中，即他们一方面受到强迫思想的影响要去做该做的事情，另一方面又能意识到自己是不应该这么去做的，为此就会变得很犹豫纠结，在两种矛盾的想法中迟疑不定，不知道何去何从。父母不要抱怨或者指责孩子，而是要意识到孩子内心的痛苦。只有耐心、用心的父母，才能更好地与孩子相处，才能给予孩子最佳的引导和帮助，而不会在无形中加剧孩子因为强迫症引起的痛苦。总而言之，强迫症会给孩子的生活带来不可预估的负面影响，强迫症的存在会影响孩子，也会导致孩子陷入焦虑的深渊之中无法自拔，父母一定要以爱与耐心对待孩子，缓解孩子的强迫症症状，唯有如此，才能帮助孩子成长和成熟。

帮助孩子战胜强迫症

马丁是一个典型的患有强迫症的孩子，他缺乏安全感，每次走出家门之前，都会检查门窗是否关好。其实，这原本不是马丁应该关心的事情，毕竟他才上小学三年级，通常这么大的孩子都不会关注门窗，而父母应该关心关门闭户的安全问题。但是马丁不同，家里的门窗向来都是他负责的。有的时候，即使走出家门已经很远，他也会折返回去，把门窗全都关闭严实。

有一次，爸爸妈妈要带马丁出游，着急赶飞机。就在半路上，马丁突然产生了怀疑：我书房的窗户好像没有关好！马丁当即要求掉头回家去检查，爸爸妈妈一致拒绝："没有多少时间了，很快飞机就会起飞，耽误了航班损失更大，况且说不定书房的窗户关得很严实呢！"马丁坚决要求回家检查窗户，爸爸妈妈也坚决反对。到了机场，趁着爸爸妈妈去取票、托运行李，马丁居然偷偷地搭乘机场大巴折返，并且发信息给爸爸妈妈："爸爸妈妈，不回家去检查书房的窗户是否关好，我是没法安心去玩的。如果我来不及赶回来，你们就把我的机票退掉吧！"爸爸妈妈很生气也很无奈，当即改签了下一趟航班，而爸爸则驱车回家准备带着检查完窗户的马丁再次赶往机场。

强迫的观念和想法就像是人心中的一颗钉子，非常顽固地扎在那里，一动也不动，拔掉会疼，留着也会疼。就像事例中的马丁，不管爸爸妈妈怎样劝说就是无法释然，最终只得采取这样极端的方式来帮助自己摆脱困扰，也给爸爸妈妈带来了

烦恼和巨大的损失。其实，马丁的想法之所以这么顽固，就是因为他无法自制地在头脑中幻想如果窗户没有关，将会有多么可怕的后果。在这种情况下，父母要做的不是否定孩子的想法，更不是以激动的情绪与孩子争吵，而是要帮助孩子缓解焦虑，以平静的口吻和语气开导孩子，这样才是对孩子负责任的态度，也才是对孩子最大的帮助。

很多强迫心理严重的孩子，还会产生各种荒唐至极的想法，甚至做出过激的举动。为此父母在帮助孩子的过程中一定要掌握方式方法，也要把握好合适的限度，不要一味地指责和训斥孩子。强迫症孩子容易走极端，所以父母不管是劝说孩子还是以实际行动帮助孩子，都要在孩子心理可以承受的范围内开展行动，否则非但无法缓解孩子因为强迫心理而产生的焦虑，反而会使孩子内心的想法更加极端和冲动，由此产生严重的后果。

父母也要战胜强迫症

妈妈是一个有洁癖的人，最讨厌的事就是地板上滴下水渍，留下痕迹。为此，妈妈几乎每天都会拖地，而且在地面彻底干燥之前，禁止任何人在湿润的地面上行走留下脚印。尤其是在逆着光线的时候，地面上的脚印和小小的水渍总是看得特

别明显，为此妈妈就要拿起拖把重新拖一遍。因为对于地面干净程度的极致追求，所以即使家里有地暖，铺着木地板，妈妈也禁止乐乐光着脚在地板上走来走去，因为脚上有汗渍，很容易在地板上留下脚印。但是年幼的乐乐穿着袜子在地板上跑，因为摩擦力很小而摔了好几次跟头。即便如此，妈妈也绝不妥协。

每到吃饭的时候，乐乐就很紧张，因为他还小，很容易就会把饭粒掉在衣服上、桌子上或者地上。在这三个地方，妈妈尤其不允许乐乐把饭粒掉在地上，因为会在地面上留下痕迹。每当乐乐不小心将饭粒掉在地上的时候，都会得到妈妈的一番河东狮吼："你怎么回事？吃饭难道不能小心一点儿吗？还是你的嘴巴是漏掉的？看看，地面又被你弄脏了。"听着妈妈高分贝的训斥，乐乐常常觉得心惊胆战。然而，妈妈并没有意识到问题的严重性。直到有一次，妈妈带着乐乐一起去参加朋友的婚宴。在饭店里，乐乐不小心掉下一块肉，掉在了衣服上。他马上长吁一口气说："幸好没掉在地上！"这个时候，邻座的朋友感到很好奇："小家伙，掉在衣服上你还这么高兴，油渍是很难洗掉的。掉在地上，捡起来扔掉就好。"乐乐没有说话，坐在一旁的妈妈心中凛然一动："在掉饭的问题上，乐乐的思维方式很异常，这都是因为我对他的要求过于严格和苛刻导致的。"后来，每当乐乐再把地面弄脏，妈妈再也不对着乐乐河东狮吼，而且开地暖的日子里，妈妈强忍住心中的别扭，也允许

乐乐光着脚在地板上奔跑了。

其实，乐乐庆幸肉掉在了衣服上，没有掉在地上，已经是有强迫症的表现了。妈妈虽然洁癖很严重，也从朋友的质疑中意识到了问题的所在，而且妈妈知道自己的洁癖很严重，也意识到自己因此而产生了很多烦恼，她当然不想让乐乐这么无奈，深受强迫症的困扰，所以她才会渐渐改变自己，强忍住心中的不悦和懊恼，给予乐乐更加自由宽容的生存环境。

日常生活中，很多好的设施都是为生活便利服务的，而不是为了增加生活的烦恼。作为主妇，妈妈一定很爱惜地板，所以才会在不知不觉中把自己变成地板的奴隶，受到地板的奴役和驱使。正确的做法是要放下这些身外之物，正确看待周围的环境，从而才能让自己真正融入环境之中，成为环境的一部分，与环境和谐融洽相处。

很多孩子的强迫症都来自父母，父母一定要时时反思自己，看看自己是否给孩子带来了莫须有的压力和苦恼，这样才能真正做到帮助孩子，也才能有的放矢地引导孩子。当父母本身就被强迫症困扰，而最糟糕的是作为父母并没有意识到自身问题的所在，没有真正反思自身的情绪问题，这样就会无形中给孩子超强的影响力，甚至影响孩子的成长和进步。有人说，父母是孩子的第一任老师，这句话很有道理。有明智、理性的父母，是作为孩子最大的幸运，也是孩子可遇而不可求的。当然，在孩子出生的时候，父母不够优秀没有关系，更重要的是父母一定要有反思和学习的意识，这样才能陪伴着孩子一起快乐成长，才能成为孩子最好的导师和陪伴者。总而言之，要想让孩子戒掉强迫症，父母首先要戒掉强迫症，这样一来才会给孩子树立积极的榜样。否则，孩子与父母朝夕相处，耳濡目染，难免会受父母的影响。

直接面对，不逃避、不畏缩

在对重度强迫症孩子的治疗之中，暴露疗法是很有成效的。就像孩子原本非常恐惧一件事情，他们可以有两种选择：一种是逃避引起自身恐惧的事情，另一种是逼着自己勇敢面对引起自身恐惧的事情。前者的效果只是暂时的，后者的效果才是更加持久的。同样的道理，强迫症孩子在产生一种想法之后，可以通过屈服的方式去满足自己的想法，也可以采取暴露的方式坚持不采取任何措施，就任由事情朝着自己假想的负面去发展。最终，当他们发现一切并不像他们想象的那么糟糕时，他们内心的紧张焦虑也就会渐渐地缓解。事实是最强有力的说服，在事实面前，他们再遇到相似的情况，就不会那么紧张焦虑，也可以有效地缓解强迫症状。

当然，孩子的自制力往往很差，而且他们对于自身情绪的

认知能力也有限。当内心产生的顽固想法驱使他们即将做出行动的时候，他们往往很难有效控制自己。例如，他们想去洗手的时候就去洗手，想去检查门窗有没有锁好的时候就去再次检查门窗，他们没有那么强大的力量要求自己放弃那些毫无意义的想法。从本质上而言，父母要告诉孩子，这些强迫想法其实就是大脑中形成的障碍。正常情况下，大脑能够甄别哪些想法是有效的、是值得实现的，哪些想法是该摒弃的。而在强迫症状况下，大脑失去了甄别能力，根本不知道哪些想法是应该付诸行动的，哪些想法是应该被摒弃的。可想而知，孩子的大脑因为强迫想法的存在而变得混乱和无助。作为父母，可以和孩子一起对抗大脑障碍，从而恰到好处地引导、增强孩子对抗一切的力量，而不要总是任由孩子在混乱状态中犹豫纠结、无法自拔。

当然，要想做到这一点，父母就要帮助孩子了解什么是极端固执的想法。不要担心孩子不能听懂或者不能区分，因为对于一个四五岁的孩子而言，他们可以知道哪些想法是正常的，哪些想法是任性的、不被接受的。当然，因为语言发展能力限制了他们的表达，所以他们无法准确区分。为此，父母要引导孩子进行区分。例如，可以以游戏的方式引导孩子对于各种想法进行区分。准备两个箱子，一个箱子上标注“正常想法、可以做的”，另一个箱子上标注“非正常想法、不能做的”。然后，父母和孩子一起界定这些想法属于哪个箱子，渐渐地孩子就会形成正确的想法认知。对于那些不能做的想法要及时剔除，这对于孩子是很有效的帮助。当然，随着不断地成长，孩子的认知能力越来越强，思维能力也会显著增强，为此父母对于孩子的引导和帮助也会更加顺利。

在强迫观念的影响下，孩子会产生各种稀奇古怪、让人匪夷所思的想法，需要明确的一点就是，这些想法未必真的会发生，或者在无所作为的情况下，事情的预期并非一定像孩子所想的那么糟糕。为了帮助孩子暂时遏制住要去弥补或者重复去做的冲动，父母可以采取转移注意力的方式，暂时让孩子把关注点转移到其他事情上。这样一来，孩子就可以更容易地放任他们所担忧的事情不受任何干扰地继续向前发展，最终他们会意识到一切都不会发生，或者说即使最糟糕的结果发生，也不像他们所想象得那么无可救药。他们内心的焦虑才会缓解和消除，他们内心的担忧才会变得浅淡。

事实胜于雄辩，这个真理到何时都适用。有的时候，父母说很多道理给孩子，孩子也未必能够听得进去，这种情况下，父母一定要引导孩子积极面对，帮助他们放下焦虑看着一切发生。这样的直接面对，不逃避、不畏缩，才能让孩子真正意识到现实，也才能帮助孩子缓解内心的焦虑。

此外还需要注意的是，当孩子的强迫症第一次发生的时候，往往是父母感到最无法接受的时候。即便如此，父母还是要放松心态，而不是如临大敌，更不要当即呵斥孩子改正，或

者试图马上纠正孩子。对于父母来说，接纳孩子、安抚孩子的情绪，这是首要的任务，否则父母的不正确应对和过激的情绪反应，只会导致孩子的内心更加紧张和焦虑。作为父母，即使真的忍不住想要提醒孩子，或者给予孩子更好的引导和帮助，也要讲究表达的方式。如果可以不歇斯底里、如果可以不那么郑重其事，何不真正地给予孩子更多的帮助、给予孩子更好的对待呢？心平气和地或者以调侃的幽默语调和孩子沟通，会让孩子变得轻松，可以有效缓解孩子的焦虑情绪，也可以让孩子更加轻松自如，这是非常重要的。孩子不能与焦虑和强迫症表现对抗，父母不能与孩子对抗，当一切都在和谐友好的状态下进行，才会取得最佳的效果和更好的收获。

小测试：

（1）孩子会反复洗手吗？

（2）当作业出错，孩子会撕掉错误的那一页，重新去做吗？

（3）孩子会对某一件事情特别固执吗？不能控制地去做？

（4）孩子是否会经常重复做出无法控制的一些动作？

（5）孩子有固执的表现吗？是否很难接受别人的想法和劝说？

（6）孩子会对身边的人提出要求，并且强迫对方必须要实现吗？

（7）孩子是否不愿意和身边的人一起齐心协力面对问题？

（8）孩子是否不能放下心中的强迫障碍，而总是逼着自己去做？

（9）孩子是否不能从谏如流，而固执地坚持自己的想法，并且一定要按照自己所想的去做呢？

（10）孩子是否总是对人生有太多不切实际的期望，而且还强迫自己达到呢？

在这个测试中，如果孩子对于很多问题的回答都是“是”，那么父母就要留心孩子已经有强迫症的倾向和表现，甚至已经患上严重的强迫症。父母先要消除自身的强迫症，接下来才能以平和愉悦的心态与孩子相处，给孩子做好积极的榜样和示范作用。唯有如此，父母与孩子才能友好相处，才可以潜移默化地引导孩子想得开、看得开，给自己营造自由的成长空间。

第6章

孩子太黏人，可能是分离焦虑的表现

很多孩子都有分离焦虑的表现，尤其是那些从出生就由妈妈亲自带的孩子，对于妈妈的依赖感会更强。当然，孩子还很小，处于弱势群体，他们依赖一直照顾自己的人、自己信任的人是理所当然的，属于正常现象。但是凡事皆有度，过犹不及，如果孩子太过黏人，那么父母就要留心孩子是否患上分离焦虑症，从而有的放矢地缓解孩子的情绪，也要循序渐进让孩子接触更多的人，缓解孩子因为分离引起的焦虑和紧张。

从前，有一只小马想要过河……
宝贝，该睡觉了。
妈妈不要走，我害怕。
再给你讲一个故事吧，
真拿你没办法。
我看书上说，孩子
黏人可能是分离焦
虑的表现。
孩子黏人，以后怎
么去幼儿园呢？

帮助孩子战胜分离焦虑

在熟悉的环境里，孩子很容易感到安全，尤其是在照顾自己的人身边，他们更是远离了焦虑不安和紧张担忧。但是在陌生的环境里，孩子则常常会陷入恐惧之中，他们不知道如何面对外部的人和世界，也因为看不到照顾者而歇斯底里地爆发情绪。从心理学的角度而言，恐惧是一种本能的情绪，为此父母要在照顾和养育孩子的过程中，有的放矢引导孩子从完全依赖父母渐渐地走向独立，这样才是对孩子负责任的态度和表现。

父母即使再爱孩子，也不可能陪伴和照顾孩子一辈子，对于孩子而言，也总有一天需要长大，离开父母的照顾和庇护独自面对这个复杂、变幻莫测的世界。因此，父母对于孩子的培养，不仅仅是教会孩子多少知识，为孩子提供多少物质条件，而是要让孩子渐渐地走向独立，具备自主生存的能力。那么，孩子的分离焦虑到底从何而来呢？是因为对外部世界的未知，是因为对很多还没有发生的事情的担心。有些孩子害怕灾害发生，有些孩子害怕黑暗中隐藏着可怕的怪物，有的孩子甚至会担心父母死去。在孩子稚嫩的心灵中，充斥着这些在父母看来毫无意义而且绝大部分可能都不会发生的焦虑，为此他们感到很难过，也感到非常疑惑和困惑。面对无穷无尽的担心，孩子们唯一能做的就是和他们信任的人在一起，分秒也不分离。要想缓解孩子的分离焦虑。最重要的在于让孩子知道自己将会面对什么，让他们对于正在经历和即将要经历的事情都有所把握。

恐惧并非像孩子所担心的那样轻易发生，在恐惧到来之前，孩子首先感受到的是焦虑。他们或者内心不安，或者感到身心疲惫，甚至呼吸也会因此而变得紧张急促，还有些孩子会出现身体不适，甚至产生超乎现实和自然的感觉。如此表述出来，很多父母都能够理解拥有这样的感觉到底是什么滋味，但是对于很多年幼的孩子而言，他们并不能准确意识到这些现象代表着什么。为此他们感到失去控制，无法左右自己的情绪，也不可能真正地对现实有更好的认知和理解。在这样的状态下，孩子们甚至感到自己要发疯，内心充满了恐惧。所以他们只能逃避，因为他们并不认为自己有足够的能力来战胜这些挑战，他们要和信任熟悉的人在一起，唯有如此他们的安全感才能增强，才能更加理性从容地面对一切。

很多孩子都只有留在家里或者待在父母身边，才能获得安全感。为此，他们表现出典型的分离焦虑症状。当然，也有一些孩子之所以有分离焦虑，是因为他们从出生开始就与照顾者亲密相处，他们从未分开过，孩子更是很少接触外部世界。为此，他们一旦看到陌生人或者是进入陌生的环境里，就感到非

常紧张、恐惧。从本质上而言，他们没有在与照顾者分离的过程中形成独立，获得安全的感觉，反而因为恐惧而变得非常被动和无奈，也因为恐惧而使内心充满惶恐。

那些独立的、不惧怕分离的孩子，一是因为在成长的过程中经常与照顾者分离，为此知道了照顾者在短暂离开之后总会回来；二是因为在不断尝试着独立的过程中，他们对于人生有了更加深刻的理解和感悟，也变得越来越独立自主。面对有分离焦虑的孩子，很多父母会觉得不耐烦，或者索性强行与孩子分离，或者在孩子不注意的时候悄悄躲开，或者严厉斥责孩子。实际上，孩子出现分离焦虑情绪是正常的，父母要做的是想方设法告诉孩子很快就能再次和父母团聚在一起。例如，很多孩子在最初上幼儿园的时候会觉得紧张，是因为他们没有上学的经验，还以为在上学之后就再也不能和父母相见呢。这对于父母而言只是一次普通的别离，而对于孩子而言则变成了生离死别，所以他们才会哭得那么伤心。但是大多数父母不能理解这种感受，对于孩子的哭泣他们很难接受，甚至有些父母还会对孩子不管不顾，任由孩子哭泣。也有的父母看到孩子哭得很严重，会训斥孩子。

要想减轻孩子的分离焦虑，一是要以语言和行动告诉孩子分离只是暂时的，很快就会相聚；二是要帮助孩子强大内心，让孩子意识到“即使只有我自己在场，我依然可以很安全”。这样一来，孩子才会渐渐感到安心，也才会调整好身体报警系统，不让报警系统发出错误的警告。从恐惧感的产生到分离焦虑，再到帮助孩子获得安全感，这是一个漫长的过程。

从小不黏人，长大更独立

琪琪已经3岁了，很快就要上幼儿园。但是，琪琪从小是由妈妈带大的，妈妈不上班，全职在家带琪琪，晚上也搂着琪琪睡觉，所以琪琪特别黏妈妈，不愿意和妈妈分离。一想到琪琪要上幼儿园，妈妈就感到很发愁。平日里，琪琪和妈妈形影不离，就算是有爸爸在身边，她也不能离开妈妈，这种情况能顺利地度过入园期吗？

有的时候，妈妈会带着琪琪去幼儿园附近的公园里玩，看到9月新入学的孩子哭得歇斯底里的样子，妈妈感到很心疼，决定从现在开始就锻炼琪琪的自理能力，减轻琪琪的分离焦虑。妈妈还特意咨询了幼儿心理专家。在专家的指导下，她开始循序渐进地和琪琪分离。妈妈先是打电话把奶奶从老家叫过来，让奶奶渐渐地接手照顾琪琪的工作。琪琪与奶奶见面的次数屈指可数，所以对奶奶很陌生。从一开始看到奶奶就会哭泣，到后来可以在妈妈的陪伴下和奶奶在一起，等到琪琪逐渐熟悉奶奶，妈妈对琪琪说："琪琪，妈妈要去上班，离开一小会儿就回到你身边。"琪琪当然不愿意，奶奶让妈妈偷偷走开，虽然

妈妈想起偷偷消失会给孩子带来更大的不安全感，她还是狠下心来和哭得撕心裂肺的琪琪告别。如此重复了好几次之后，妈妈从很快回来，到半天才回来，再到一天才回来，琪琪再也不担心妈妈一去不返了。

有的时候，妈妈带着琪琪去超市里购物，买蔬菜瓜果的时候，妈妈还会让琪琪拿着菜独自去称重台称重。一开始，琪琪一步三回头，生怕看不到妈妈，后来她发现妈妈总是笑眯眯地站在原处等着她，就再也不害怕暂时离开妈妈身边独立去做一件事情。偶尔去亲戚朋友家做客的时候，妈妈安排琪琪和小主人一起玩耍，也会和琪琪分开，但是琪琪再也没有像以前那样歇斯底里地哭过。后来，琪琪到了入园的年纪，虽然也哭闹了几次，程度都不严重。在妈妈保证下午会来接她回家之后，她很快就会停止哭声，也很快就能和小朋友们玩成一片。

在这个事例中，妈妈从与琪琪形影不离，到在专家的指导下循序渐进地让琪琪接受分离，为此顺利地帮助琪琪走过了分离焦虑期。其实，每个孩子面对和亲人的分离都会陷入不安全感之中，作为父母，一定要引导和帮助孩子，而不要总是苛刻要求孩子，或者对孩子生气。引导和教育孩子必须要有足够的耐心，否则非但不能有效安抚孩子的情绪，还会导致孩子更加惊慌和无助。

现代社会，家家户户都只有一个孩子，父母最大的心愿就是希望孩子坚强独立，有自己的美好人生。既然如此，就不要总是抱怨和指责孩子过于依赖父母，而是要给孩子切实有效的指导，耐心引导孩子，循序渐进地促进孩子成长和发展。教育对于每一个家庭、每一个父母而言都是任重道远的头等大事，孩子的成长有其自身的规律，父母一定要端正态度，不要在教育方面急功近利。只有始终保持平静的心态对待孩子，只有始终在督促孩子成长的道路上与孩子齐头并进，以恰到好处的方式与孩子沟通和相处，亲子关系才会和谐融洽，亲子教育才会事半功倍。从小就能够渐渐独立的孩子，长大之后才能够更加强大，才能够感受到更多的幸福与快乐。

消除内心的恐慌

焦虑是一种非常复杂的情绪，由各种复杂的情绪影响才能形成，为此要想消除焦虑也是很难的。曾经有名人说，最可怕的是恐惧本身。的确，很多时候孩子并非害怕具体的事物，而是被内心的恐惧控制着，无法做出积极的反应。因为极度的恐惧，他们还会变得很恐慌，不知道该如何应对。为此在心理学领域有恐慌症的存在。

和各种心理问题和情绪状态相比，恐慌症是非常严重的。当孩子患有恐慌症，很多情况都会引起他们的恐慌，在现实生活中，他们随时随地都有可能受到攻击和惊吓。面对一个胆战

心惊、杯弓蛇影的孩子，父母难免会觉得内心焦虑，因为他们很难把握恐慌的根源，也就无法避开导致恐慌的原因。很多时候，孩子前一刻还很平静，后一刻就会陷入恐慌之中。即使是原本非常平静的孩子，也会因为恐慌而在转瞬之间陷入歇斯底里的状态，他们不愿意去任何家以外的地方，他们不想与任何陌生人打交道。即使是孩子自己也不知道自己为何感到恐慌，他们表现出莫名其妙的恐慌，常常使自己和父母都感到丈二和尚摸不着头脑，而他们的情绪也变得更加焦虑愤怒。这就像是战士们在战场上面对着不知道从何处飞来的子弹内心万般无奈，找不到应该向谁发起反击。

从心理学的角度而言，恐慌的发生其实是神经系统在面对各种突发和意外情况时正在进行的训练，为发起反攻做好准备。从这个意义上来说，适度的恐惧反而能够调动人身体各方面的能力，让人集中所有的精神和意志力。然而，恐惧不但会对人的心理和情绪状态发生作用，也会对人的身体产生作用。

曾经有一个在冷库里工作的人，在下班之前因为要找一件货物而去冷库里寻找。然而，他找了很久才找到东西，等到他想要走出冷库大门的时候，才发现冷库的门被关闭了。他歇斯底里地喊叫，然而工友们都已经下班，根本没有人听到他的喊声，更没有人来救他。他觉得自己越来越冷，最终被活活冻死在冷库里。次日，工友们来上班，发现了他的尸体。让人惊讶的是，当天冷库并没有通电，也没有制冷。但是法医解剖他的

尸体，发现他就是被冻死的。这是为什么呢？原来，在极度恐慌的情况下，他根本没有能力静下心来思考，也没有能力去判断冷库里的温度，被自己内心的寒冷活活冻死了。

恐惧就是具有如此强大的力量，不但影响人的心情，也会对人的身体产生影响作用。当孩子感到恐惧的时候，当孩子恐慌症发作的时候，父母一定要避免以成人的目光去看待孩子恐惧的事情，而是要理解孩子的感受，从而才能有的放矢地缓解孩子的情绪和焦虑状态。当孩子因为恐惧而发生生理反应的时候，他们一定会觉得很难受，为此父母要引导孩子认知事情的真相，也更加深入了解恐惧。这样一来，孩子至少可以减轻对于恐惧本身的恐惧，尽量让情绪可控。

接纳恐惧的存在，是避免恐慌的最好方式之一。父母还可以引导孩子设置一个恐慌的开关，这样一来，孩子在感到恐慌的时候，就可以及时制止恐慌。给恐慌按下暂停键，恐慌就会马上停止，虽然不能真正解决引起恐慌的原因，但是至少可以让孩子保持心情的平静。其实，孩子是可以控制自己、为自己做主的。现实生活中，很多父母都觉得孩子还小，觉得孩子没有能力控制情绪，其实不然。孩子是独立的生命个体，有自己的思想和意识。在最初的时候，孩子没有自我意识，而随着不断地成长，孩子会渐渐地把自己与外部世界区别开来，也会更加理性地认知自己。当然，情绪的开关并非那么容易可以找到并且可以随心所欲控制的。归根结底，恐慌是因为不可把握，

当对于一切事情都有所把握，都做到心中有数，恐慌自然也就不复存在。所以孩子们要努力提升自己对于很多事情的把握，从而掌握恐慌的开关键，控制恐慌、停止恐慌。

在鲁迅先生笔下，阿Q的形象是很鲜明的，阿Q精神也为民众所熟知。其实，阿Q精神原本是带有负面作用的，而被后人衍生出更为丰富的含义，其中阿Q精神的精髓就是自我平衡。在感到恐慌的时候，孩子们也可以借鉴阿Q精神，把阿Q精神转化为自我安抚，如此一来，当恐惧的程度降低，恐慌也就不驱而散。

独立的孩子更强大

有一天，妈妈和倩倩一起去超市里玩耍。倩倩5岁了，她原本走在妈妈的身后，没想到走着走着，突然间迷路了。倩倩抬起头，找不到妈妈在哪里，着急地哭起来，一边哭一边四处走着，嘴巴里喊着“妈妈，妈妈”。妈妈径直朝前走着，以为倩倩始终跟着自己呢，走出去很远，才发现倩倩没在身后。妈妈吓得脑海中一片空白，马上四处寻找，并且求助于超市工作人员。后来，妈妈听到广播里喊道：“倩倩小朋友的妈妈请来超市广播室，倩倩在广播室等着你！”妈妈第一时间赶到广播室，把倩倩紧紧地拥抱在怀里。倩倩也哇哇大哭：“妈妈，你是不是不要我了？”妈妈热泪盈眶。此后，妈妈再也不敢让倩倩离开自己半步。一年之后，倩倩升入小学，学校的生活模式和幼儿园不同，她的自理能力很差，老师经常因为倩倩的各种问题给妈妈打电话。

也许是因为倩倩曾经走丢过，所以妈妈对于倩倩特别关注和在乎，在对倩倩失而复得之后，妈妈更是亦步亦趋看着倩倩、目不转睛地盯着倩倩。对于倩倩的成长而言，妈妈这样的做法真的好吗？很多父母误以为，只有无微不至地照顾孩子，才能避免孩子受到伤害，实际上孩子不是小鸡仔，妈妈也不是老母鸡，不可能永远庇护孩子。随着孩子不断成长，他们总是要离开父母的身边，去更广阔的天地里生存，为此父母一定要了解孩子，给予孩子更多的引导和帮助，只有这样才能让孩子的独立能力越来越强，也才能让孩子的人生有更好的发展和成就。

独立的孩子才更强大，独立的孩子才有更为广阔的人生天地。每一个父母都不希望孩子遭遇分离焦虑的困扰和折磨，为此他们尽量抽出时间陪伴在孩子身边，给予孩子更多的安全感和妥帖的照顾。等到孩子有朝一日不得不离开父母的时候，却发现自己的未来变得很迷惘，对于日常生活中小小的难题也没有办法去消除和面对。从心理学的角度而言，独立是孩子的本能，就像很多一岁的孩子在学会走路之后，都会自由地到处行走、探索世界一样，他们的内心也有不断拓宽领地的需求。但是分离焦虑束缚了他们对于人生的探索，让他们在遇到很多的挫折和障碍时，总是不由自主地退缩和畏惧，总是故步自封。

但是儿童分离焦虑并不是不可战胜的，不管是父母还是孩子，只要有意识地缓解分离焦虑，发挥自身的所有能力尽量采取正确的方式对待分离焦虑，就可以避免分离焦虑。当孩子真正感受到独立自主的快乐，当孩子真正离开父母去拥抱自己的生活，他们就会爱上这种自由自在、独立自主的生活状态，他们也就真正地从分离焦虑中抽身出来，成为完整的自己。

有分离焦虑的孩子一分一秒都不愿意与父母分开，哪怕是他们在高兴地与其他小朋友做游戏，也要求父母必须在一旁看着。显而易见，孩子总是要独立。正如台湾作家龙应台所说的，所谓父母子女一场，就是父母看着子女的身影渐行渐远。而如果孩子始终停留在父母的身边，他们就永远也长不大。每个人都是自己生命的主宰，都要全力以赴去驾驭生命。孩子从呱呱坠地的无知和无能，到不断成长的发展与强大，需要漫长的过程，在此过程中，父母要引导孩子，这是对于孩子最佳的帮助。记住，是引导，而不是代劳，更不是替代。因为没有人可以代替孩子去成长，不管成长的道路是顺利平坦，还是充满崎岖，孩子只能依靠自己去走完。

父母也有分离焦虑

过完年，依依就3岁了，等到9月，依依就要正式就读幼儿

园小班，离开家庭和父母的照顾开始集体生活。时间飞快，眼看着半年时间过去，已经到了7月，孩子们都开始放暑假了，妈妈却发愁起来：还有两个月依依就要去上幼儿园，她还这么小，在家里有我把她照顾得好好的，到了幼儿园里应该怎么办呢？

随着时间的流逝，依依入园的日子越来越近。有一天晚上，妈妈正在睡觉呢，突然间哭着醒来。爸爸也被惊醒，问："你怎么了？"妈妈哽咽着说："我梦到依依在幼儿园里被开水烫伤了……你要提醒我，我明天一大早就要问问幼儿园的老师，幼儿园里有没有开水。"爸爸不由得啼笑皆非："这些安全问题幼儿园也会特别注意的，对于他们而言安全大于天。"妈妈不以为然："有些老师自己还没有孩子呢，就要照顾那么多孩子，难免百密一疏，我们必须多多提醒老师注意孩子的安全。"爸爸无奈："但是依依现在还没有去幼儿园上学呢，你不觉得现在就和老师说这个问题太早了吗？"妈妈说："没关系，我现在说，先给老师打预防针，等到依依去上学了，我还会再次提醒老师的。"妈妈担忧的问题很多，如依依在幼儿园能不能吃饱穿暖，幼儿园的露台上有没有足够高的护栏，护栏的间隙是否够密集才能避免孩子把头卡进去，依依如果想妈妈哭了怎么办，中午午休的时候老师会给依依盖好被子、穿脱衣服吗……下半夜，妈妈彻底失眠，在焦虑中度过，根本无法入睡。

显而易见，依依还没有患上分离焦虑症呢，妈妈就先患上了分离焦虑症。的确，当自己亲手带大、亲眼看大孩子，现

在要把养育工作假手于人的妈妈想到孩子就要离开自己的身边，在自己看不见的地方度过漫长的一天，心中除了不舍就是担忧。每年到了开学季节，很多父母把孩子送入幼儿园之后，狠心离开哭泣的孩子，却无法离开幼儿园的围墙。他们总是在栅栏围墙外面守候着，想要趁着孩子不注意的时候，看一眼孩子。可怜天下父母心，由此可见一斑。

作为父母，要学会舍得下孩子，否则长久地把孩子拴在自己的身边，如何能够提升孩子的自理能力，让孩子得到成长的机会呢？在自然界里，小鹿才刚出生不久，鹿妈妈就会踢着小鹿，让小鹿站起来；为了让小鹰学会翱翔，老鹰妈妈甚至会把小鹰从悬崖上推下去，逼着小鹰只能拼命扑腾翅膀才能避免被摔死的厄运。作为父母，要想接纳与孩子的分离，就要认清楚以下几点。首先，父母总是要与孩子分离，为了让孩子接受分离，父母一定要控制好情绪，不要把紧张焦虑的情绪传染给孩子。其次，在日常生活中，父母要有意识地培养和提升孩子各方面的能力。很多孩子在上幼儿园之前从未独立穿脱过衣服，独立吃过饭，可想而知到了幼儿园里，老师要照顾那么多孩子，不可能单独给孩子喂饭，而且老师本着培养孩子自理能力的原则，也不可能像父母那样凡事都为孩子代劳。最后，大多数孩子之所以有分离焦虑，是因为他们面对陌生的环境中陌生的人和事情，找不到安全感的寄托。在这种情况下，父母可以引导孩子喜欢老师，结交小同学，这样一来去幼儿园上学对于孩子而言就会变成一件有趣的事情，对孩子充满吸引力。总而言之，父母不可能永远陪伴在孩子身边，孩子也不可能永远不离开父母。父母与孩子既要建立亲密的关系和深厚的感情，也要学会适应各自有各自的生活。唯有如此，孩子才能逐渐成长为独立的生命个体，才能有自己主宰和驾驭的人生。

科学断奶，给予孩子安全感

莉莉已经1岁了，妈妈在怀了莉莉之后就辞掉了工作，全职在家养胎，后来莉莉出生，妈妈决定要给莉莉喂奶到1岁。如今莉莉已经过完周岁，妈妈也决定结束全职妈妈的生活，恢复正常的工作。正好这个时候姥姥身体有些不舒服，所以妈妈决定回姥姥家里一趟，要离开一个星期的时间，也就借此机会让奶奶带着莉莉，给莉莉断奶。奶奶对于妈妈的想法表示支持："就是不能让她看到你，不然断不掉。你去娘家正合适，一则可以看看你妈妈，二则也可以离开莉莉。我一定带好她，你就放心吧！"看着奶奶拍着胸脯保证，妈妈也下定决心离开了。

在走出家门的第一步，妈妈就开始担心，生怕莉莉不能适应。好不容易挨到晚上打电话，奶奶在电话里安慰妈妈："放心吧，莉莉很好！"然而，妈妈明显听到莉莉的哭声："莉莉在哭吧？"奶奶说："小孩子哭几声没关系，一会儿就

好了。”妈妈又问：“她吃奶粉了吗？”奶奶说：“没事，饿几顿就吃了，早晚会吃的，你就放心吧！”晚上，妈妈睡觉睡得正香呢，接到了奶奶的电话，原来莉莉从妈妈走了之后就开始哭，声音都哭哑了，而且开始发烧。妈妈当即让弟弟驾车把自己送回家，奔波了4个多小时之后，她一回到家就把莉莉抱在怀里，莉莉咕咚咕咚地喝着奶，喝完之后满足地睡着了。这个时候，爸爸问妈妈：“给孩子断奶就断奶，你怎么还回娘家了呢？”妈妈很委屈：“不是说断奶要和孩子分开吗？”爸爸说：“你想啊，你把孩子的粮食断了，自己还无故消失，这样一来，孩子能不焦虑吗？她虽然不会说话，但是估计误以为你不要她了。”“这么严重？”妈妈问爸爸。爸爸点点头，说：“断奶不是要分开，分开都是传统思想作祟。而是应该让妈妈和孩子在一起，让孩子知道她虽然不能吃奶了，但是还有妈妈呢！”让妈妈惊讶的是，莉莉在吃奶睡着之后，烧退了，看来还真是焦虑引起了她的身体反应。

妈妈又给莉莉喂了几天的奶水，等到莉莉身体恢复健康，妈妈决定搂着莉莉断奶。和以往一样，妈妈哄莉莉入睡，但是当莉莉夜里醒来想要吃奶的时候，妈妈穿着厚实的睡衣，不让莉莉接触到她的“奶瓶”，而是抱着莉莉走来走去，很快莉莉哼哼唧唧之后，就因为困倦睡着了。后来，莉莉又醒过来几次，有一次哭得厉害，四处找奶吃，就改成爸爸抱着莉莉。如此过了一个星期，莉莉每天晚上醒来的次数都在减少，一个星

期之后，她终于可以一觉睡到天亮，再也不四处找她的“奶瓶”了。

很多老人都说，妈妈在给孩子断奶的时候一定要与孩子分开睡，或者在乳头上抹辣椒水、抹黑酱充当臭粑粑，总而言之目的都是吓退孩子，让孩子不再吃奶。面对年幼的孩子需要断奶，妈妈一定要这么残忍吗？科学的喂养观念提出，在断奶的时候，孩子失去了自己最依赖的“粮食”，情绪一定会紧张波动，那么妈妈更是要陪伴在孩子身边，这样才能给予孩子安全感。否则，妈妈凭空消失，会让孩子陷入双重的焦虑状态之中，对孩子的情绪状态、心理健康甚至包括身体健康，都会产生很大的影响。

和传统的强迫性断奶相比，科学的断奶方式提倡在孩子断奶之前就让孩子接受各种辅食，或者是给孩子添加奶粉，从而保证孩子的正常营养摄入。此外，断奶也未必需要一次性进行，而是可以逐渐减少喂奶的次数，这样一来，孩子才能渐渐地减少对母乳的依赖，也就不会在断奶的时候反应过激。在以前，很多人家里都有好几个孩子，为此最小的孩子可以吃很长时间的母乳，等到了一定的岁数，他们也就对吃母乳不感兴趣了。当然，如今的妈妈除了要照顾家庭之外，大多数都有自己的事业，不可能把喂养母乳的时间拉得这么长。即便如此，也不要强迫性断奶，而是要给孩子做好更多的物质准备、精神准备，从而才能帮助孩子顺利过渡，让孩子健康快乐地成长。

也有些妈妈不喜欢孩子断奶，甚至因为孩子不再依赖自己而觉得怅然若失。这就是前文所说的，妈妈本身也需要“断奶”，才能帮助孩子断奶。否则，如果妈妈自己对于孩子的依赖都过于严重，又如何培养孩子的独立性呢？妈妈不可能与孩子永远在一起，母子的自然分离恰恰意味着孩子变得更加强大、更加独立，为此对于妈妈而言是一件好事情。妈妈要减轻内心的怅然若失，从而才能帮助孩子更快速地成长和独立，也才能给予孩子更为广阔的成长和发展空间。

小测试：

（1）孩子可以离开照顾者玩耍一段时间吗？

（2）在没有照顾者在场的情况下，孩子是否愿意与其他人在一起？

（3）孩子入园之前心情是否愉悦？

（4）孩子是否一眼看不到照顾者也不会哭闹不休？

（5）日常生活中，孩子是否心情愉悦，各方面表现都很好呢？

（6）孩子是否能够战胜恐惧？

（7）孩子是否已经从不爱去变成愿意去，变成很爱去幼儿园？

（8）孩子是否从不黏着爸爸、妈妈或者其他照顾者？

（9）孩子是否能够坦然面对分离？

（10）孩子在黄昏的时候心情是否也很好？

（11）孩子起床之后是否能够拥有好心情，从来不哭闹？

（12）孩子是否能从容面对分离？

在上述问题中，孩子回答“是”的比例越高，越是意味着孩子的情绪很平和，不会非常焦虑。反之，回答“否”的比例越高，越是意味着孩子的情绪很容易陷入焦虑状态，而且常常受到焦虑等负面情绪的困扰。

第7章

广泛性焦虑，太紧张的生活让孩子更易焦虑

所谓广泛性焦虑，顾名思义就是担心的事情太多，覆盖的范围太广，为此广泛性焦虑的孩子在现实生活中很少感到快乐，而常常陷入紧张焦虑的状态之中无法自拔。如何才能缓解孩子的广泛性焦虑，从而让孩子有更好的成长表现呢？当然是要让孩子放松，只有放松，孩子才会拥有愉悦的情绪，也只有放松，孩子才会在成长过程中更加简单快乐。

游乐园
欣欣，最近一直在考试，今天好好玩哦。
好，我先看看。
想玩吗？你以前很喜欢这个的。
这个呢？看起来不危险。
我想玩，但我还是害怕。
一定是前段时间太紧张，有什么好办法让孩子放松呢？

如何面对无处不在的焦虑

小薇是一个6岁的女孩，和同龄人相比，她明显更加成熟、感情细腻、心思缜密，也特别懂事。爸爸妈妈经常夸赞小薇懂事，很多认识小薇的人也都觉得小薇是个难得的好孩子。然而就是这样的小薇，最近居然有抑郁的倾向，在接受心理医生的问诊之后，妈妈才得知小薇有广泛性焦虑。在此之前，妈妈从来不知道广泛性焦虑是什么，更没有意识到小薇很多听话懂事的表现都与广泛性焦虑有关。

有一次，妈妈带着小薇去同事家里做客，当时刚过完中秋节没多久，所以同事拿出一块包装精美的月饼招待小薇。小薇在得到妈妈的同意后拿起月饼，突然问出了一句让同事感到很惊讶的话："阿姨，这个月饼过期了吗？"看着同事一脸惊愕和尴尬，妈妈赶紧解释："哎呀，这个孩子！我每次带她去超市买东西，都会看一看生产日期，所以她养成习惯了！"同事哈哈大笑起来，说："这个孩子想得很细致！"还有一次，妈妈带着小薇去游乐场玩耍。其他孩子一旦到了游乐场都如同出笼的鸟儿一样欢呼雀跃，唯独小薇束手束脚，很多项目都不敢玩。在海盗船处，妈妈提议玩海盗船，小薇却说："这个海盗船荡得那么高，会不会翻过来啊？”妈妈简直无语：别人家都是妈妈担心安全问题不让孩子玩，我们家正好相反，是孩子担心安全问题不让妈妈玩。当然，过度的焦虑给小薇的生活带来很多的负面影响，她在生活中总是束手束脚，根本不能放开手脚去做很多事情。

对于孩子而言，想象力丰富是一件好事情，因为他们可以发展创新能力，积极主动地展开行动，把想象变成现实，但是他们也很有可能被想象力束缚住，导致在做很多事情的时候未雨绸缪过度，变成了杞人忧天。所谓凡事都要一分为二，采取辩证唯物主义的观点去看，对于孩子过度焦虑、广泛焦虑，父母也不要总是夸赞孩子懂事。其实，孩子在每个年龄阶段都应该有与之相对应的身心发展特点，当孩子表现出不符合实际年龄的成熟，父母一定要意识到问题的发生，意识到孩子有可能是广泛性焦虑。

广泛性焦虑的孩子还特别看重别人的想法，为此别人哪怕是一句无心的话，都会导致他们内心波澜起伏，甚至郁郁寡欢。从心理学的角度进行分析，患有广泛性焦虑的孩子非常热衷于寻找恐惧、感受恐惧，当然这并不是他们主观自发的，而是被动无奈发生的。从关系的角度而言，正常焦虑的人只有在事情联系特别紧密的情况下，才会进行思维的联想，而对那些本身联系不紧密的事情，他们更愿意将其作为独立的个体去看待。广泛性焦虑者与此恰恰相反，他们会把八竿子都打不着的

事情也联系到一起进行考虑，可想而知他们的内心因此弥漫着浓重的焦虑情绪。

要想有效控制广泛性焦虑，就需要对焦虑设置一个限度。俗话说，走一步看三步，谋划才能更长远。而实际上广泛性焦虑的孩子，走一步恨不得看一百步，他们不切实际地希望自己能够做到一劳永逸，不得不说这是白日做梦。因为想象力的丰富，广泛性焦虑的孩子可以把原本毫无关联的事情都联系在一起，也让自己的焦虑辐射范围变得越来越大。举个最简单的例子，有个孩子要过生日，妈妈精心为他准备了蛋糕和美食，还允许他邀请十几个同学来家里庆祝。大多数孩子得到这样的允诺都会觉得很兴奋，因为能在家里招待同学们是一件让他们觉得光彩的事情，但是广泛性焦虑的孩子在感受到短暂的喜悦之后就陷入过度的焦虑状态：蛋糕够大吗？够吃吗？巧克力的口味能否得到同学们的喜欢？万一同学们把我家的地板踩脏怎么办？他们能否对我的生日宴会感到满意？他们过生日的时候，也会邀请我吗？我应该为他们准备什么礼物……广泛性焦虑的孩子只需要一个引子，就能想出很多让自己感到忧愁焦虑的事情，对于他们而言，纯粹的快乐是不可奢望的礼物。

当家里有一个广泛性焦虑的孩子，父母也常常会感到无奈和痛苦。他们眼睁睁地看着孩子杞人忧天，因为很多根本不可能或者很少有可能发生的事情感到痛苦。为此，很多父母都想帮助孩子摆脱广泛性焦虑的困扰，让孩子感受他们理应拥有的幸福快乐、简单纯粹。当然，这需要非常努力才能做到。

不要总是草木皆兵

才10岁的静静一直在担心一件事情，为此她不止一次梦到妈妈死了，在从她们家通往奶奶家的桥上跳了下去，跳入了湍急的河水中。她站在桥上无奈地哭泣，内心充满了绝望，意识到自己再也没有妈妈了，她简直哭得肝肠寸断，直到从睡梦中哭醒。静静为何总是这么缺乏安全感呢？原来，她的爸爸是个酒鬼，一旦喝醉了酒就和妈妈吵架、打架，年幼的静静不止一次目睹父母争吵，为此内心深处非常崩溃。只是因为她还小，所以无法准确表达自己内心的情绪和感受而已。

有一天，妈妈反常地来接静静放学，以往都是静静自己放学回家的。静静突然生出不好的预感，问妈妈：“妈妈，你来接我干嘛？”妈妈说：“带你去姥姥家里。”静静马上情绪崩溃地大哭起来：“妈妈，我不要去姥姥家里，我要回家。你不要和爸爸离婚，我不想让你们离婚！”妈妈不知道发生了什么事情，说：“姥姥生病了，妈妈带你去看看姥姥，不是和爸爸吵架才要去姥姥家里的。”静静忍不住哽咽着：“我还以为爸爸又喝酒惹你生气了呢！妈妈，你不要和爸爸离婚好不好？”

经过这件事情，妈妈意识到她与爸爸在婚姻内的一次又一次争吵给静静的内心带来了创伤，对静静非常心疼。后来，她找机会把这件事情告诉了爸爸，爸爸也很后悔自己因为嗜酒给静静带来这么大的压力。爸爸努力改变，妈妈也不再在情绪冲动的时候随随便便就说离婚，渐渐地，静静的内心创伤才愈合，才获得安全感。

在这个事例中，静静的广泛性焦虑就是父母的关系不好、婚姻不幸福导致的。很多人都知道，在父母婚姻关系破裂或者濒临破裂的垂死挣扎中，受到伤害最深的就是孩子。为此，作为父母，一定不要随随便便就当着孩子的面说离婚，也许父母只是因为一时生气才说出这样决绝的话，但是在孩子心目中却把这些话全都当真并记在了心里，这导致他们内心非常沉重，压力很大。

著名的成功学大师卡耐基曾经说过，“你所担忧的事情未必真的会发生”。曾经，有心理学家专门进行实验，他让受试者把自己所担忧和焦虑的事情都写在纸上，并且签名。等到一段时间之后，心理学家再把这些受试者集中起来，把他们曾经写满忧愁和焦虑的纸还给他们，结果事实证明，大多数受试者所担心的事情都没有发生，而只有极个别的受试者所担心的事情真的发生了，但是结果不像他们所想象的那么糟糕。实际上，就算结果像他们所想象的那么糟糕又如何呢？即使是如同排江倒海而来的焦虑，也无法改变事情的结果。既然很多事情都是不可改变的，我们与其每时每刻生活在焦虑之中，还不如端正心态，让自己学会坦然从容地面对一切。

广泛性焦虑的孩子很符合一个词语的描述，那就是“自寻烦恼”，这是因为他们所有的焦虑都是虚构出来的，都是自己在跟自己较劲。如果可以对自己的要求降低一些，如果可以对自己更加宽容和友善一些，他们的焦虑就会缓解和消除。当然，在感到焦虑的时候，就不要任由自己想象的翅膀打开，适度收敛想象力也许是最好的选择。

广泛性焦虑症的概念

张辛正在读小学三年级，和班级里其他同学的无忧无虑不同，他担心的事情很多：他担心自己考试不能取得好成绩，回家会被爸爸妈妈批评；在考试的前一个晚上因为担心自己次日会迟到而彻夜不眠，结果导致考试的时候头昏脑胀；担心自己不能与小妹妹好好相处，为此始终离小妹妹远远的；担心作业上出现错误，被老师打一个大大的叉号；担心自己在体育通关上不能达标……就连中午吃饭的时候，看到鱼肉，他也因为担心有刺而索性把鱼肉丢掉，一口都不吃。不得不说，张辛担心的事情实在太多了。正因为如此，他在生活中才如同一个套中人一样，总是小心翼翼，不能敞开手脚去做很多事情。

一开始，妈妈觉得张辛很懂事，是因为考虑全面才会这样，后来看到张辛束手束脚，就连很多简单的事情也不敢去做，不敢承担责任，又看到张辛因为总是否定和担忧自己而变得精神恍惚，这才意识到张辛的精神出了问题。妈妈带着张辛看了心理医生，这才知道张辛患有广泛性焦虑症。

人活着，的确要面对很多危险，但是这些危险未必会真的发生，或者即便发生，也不能因噎废食，更不能因为要躲避危险就放弃做很多事情，否则人生就会变得空白。在上述事例中，张辛显然对潜在的威胁和恐惧过于敏感了，这就给张辛拉响了假警报。在这种情况下，张辛的忧愁和焦虑与日俱增，根本无法做好更多的事情。广泛性焦虑有一个特别明显的特点，那就是它会常态化，成为生活的一种模式，为此很多患有广泛性焦虑症的孩子都无法意识到焦虑的存在，也就不可能有的放矢地缓解焦虑。广泛性焦虑症还特别敏感，很多患有广泛性焦虑症的孩子未必真的遭遇了多少不如意，相反，他们的生活有可能很美好，只是因为他们不知足，也无法控制内心的恐惧，所以才会导致广泛性焦虑的发生。

在对广泛性焦虑有了初步的了解之后，我们不妨再从专业性角度对于广泛性焦虑进行理解，相信这样的理解会更加深刻，也会对我们起到有效的作用。所谓广泛性焦虑，第一个特点就是失去控制，而且已经超过了正常的限度。为此患有广泛性焦虑的人总是草木皆兵，任何无关紧要的事情都能引起焦虑，为此他们常常会陷入焦虑状态之中无法自拔，也会因为想象力的无限生发而变得很紧张，甚至无法遏制那些糟糕的念头从自己的心中冒出来。当孩子患有广泛性焦虑的时候，他们就会担心每一件事情，而且对于所有事情都设想了最糟糕的结果。为此患有广泛性焦虑症的孩子往往也伴随有神经衰弱的症状，因为他们思虑过多，而且没有办法缓解自己的紧张和抑郁。过度的焦虑还会给他们的身体健康带来困扰，他们常常失眠，甚至感到头痛，这一切都是焦虑在作怪。

人的时间和精力是有限的，对于人生中经历的那些事情，我们根本不可能事无巨细、事必躬亲地去做，我们更不可能把每一件事情都做到完美。遗憾的是，广泛性焦虑症的孩子以为自己能够做到，为此他们总是过度追求完美，总是苛刻要求自己，不允许自己犯任何错误。长期让自己的神经处于紧绷的状态，他们受到更严重的焦虑折磨，所以每一个患有广泛性焦虑症的孩子一旦被确诊，至少需要半年的时间才能缓解自己的焦虑症状。所谓病来如山倒，病去如抽丝，用在广泛性焦虑症孩子身上同样合适。

为何会有广泛性焦虑

小米已经6岁了，刚刚升入小学一年级。小米的生日是8月

底，所以她在班级里算是年纪比较小的。这让小米占据劣势，在学习上很吃力，与人相处也总是会被嫌弃幼稚。渐渐地，小米变得越来越焦虑。

有一天，妈妈准备送小米去学校，小米突然哭起来，吞吞吐吐地告诉妈妈："妈妈，我肚子疼！"妈妈很奇怪："你还没吃早饭呢，怎么一大早就肚子疼呢？"妈妈详细问小米到底是哪里疼，小米一会儿指着这里，一会儿指着那里，妈妈意识到问题的所在，反问小米："要是疼得厉害，咱们就去打针，好不好？"小米迟疑了片刻，说："现在好像没有那么疼了。"在去上学的路上，小米一直哭哭啼啼，妈妈忍不住问小米："小米，你到底怎么了？"小米说："我昨天的作业写得不好，我怕老师会骂我。"妈妈安抚小米："没关系，小朋友们都刚刚开始学习写字，老师看到你有进步就会高兴的。"又过了一会儿，小米说："昨天我和同桌吵架了，不知道他今天会不会揍我，他一定很讨厌我！"妈妈说："你的同桌早就忘记这件事情了，只要你高高兴兴的，他就会喜欢你的。"小米还是在说："我昨天把汤洒到地上了，今天有可能就不被允许喝汤了……"妈妈问小米："小米，你为什么担心这么多事情呢？"小米说："我就是害怕，我觉得一切都糟糕透了……"

面对有广泛性焦虑症的小米，妈妈也不知道该怎么办了！在一个正常人心中，尤其是在爸爸妈妈的心中，孩子患有广泛性焦虑症，为那些根本不值得担忧的事情担忧，根本就是无法

容忍的，也是不可理喻的。而实际上孩子的情绪不会无缘无故地波动，只要父母有耐心，真正关心孩子，在投入大量的时间和精力观察孩子之后，就会从孩子的情绪表现背后找出真正的原因。

实际上，广泛性焦虑还有遗传性，在患有广泛性焦虑的孩子之中，有35%以上的孩子是因为遗传因素而患上广泛性焦虑症的。此外，当孩子稚嫩的心灵接受太多的刺激，也会增加患上广泛性焦虑的概率。作为父母在帮助孩子摆脱广泛性焦虑的困扰时，一定要从各个方面着手努力，这样才能马到成功、解决问题。

广泛性焦虑名副其实，似乎辐射生活面很广，而且诱发广泛性焦虑的因素也特别多，无法准确界定。尤其是在广泛性焦虑已经形成的情况下，哪怕是一件不值一提的小事情，也会导致广泛性焦虑发生。对于已经患上广泛性焦虑症的孩子而言，他们对于任何事情都有可能发生反应，不仅是不好的事情，哪怕是好的事情，或者是日常生活中的小事情，也会导致他们的焦虑越来越严重。试想一下，当孩子稚嫩的心灵每时每刻都受到焦虑的困扰、都会被焦虑煎熬时，这对于他们而言是多么可怕的事情啊。近些年来，孩子自杀的事件时有发生，他们之中有初中生、高中生、大学生，甚至还有小学生。在原本应该茁壮成长的年纪里，为何孩子会选择以自杀的方式结束生命呢？只有一种解释，那就是对于他们而言活着变成了沉重的负担，变成了他们无法面对的现实，所以他们才以这样决绝的方式去逃避。

如何战胜广泛性焦虑

凡事都要防患于未然才能取得最好的结果，但是对于已经患有广泛性焦虑症的孩子而言，很小的因素就会诱使他们的广泛性焦虑症爆发。这样看来，如果生活中充满了诱使广泛性焦虑爆发的因素，那么战胜广泛性焦虑就会很难。的确，战胜广泛性焦虑难度很大，但是这并不意味着没有可能。只要掌握正确的方式方法，只要父母怀着对孩子的爱深入了解孩子，真正地俯下身来陪伴孩子一起成长，广泛性焦虑还是可以有效控制和真正战胜的。

通常，焦虑都有原因，它可能是一个人、一件事情或者是一个没有得到满足的心愿。但是广泛性焦虑的诱发因素太多，这就像是一个孩子对于很多物质都过敏一样，为此要想避开这些生活中无处不在的过敏原就会显得很困难，甚至都无法查出孩子到底对哪些物质过敏。而有些孩子则只对一件东西过敏，如有的孩子青霉素过敏，那么在使用药物的时候避开青霉素即可；有的孩子对鸡蛋过敏，就要避免吃蛋白质高的食物。但是如果孩子对很多药物都过敏，医生就无法下药；如果孩子吃什么都过敏，就没法下口去吃。为此，我们可以反其道而行，可以调整思路，看看孩子可以吃哪些东西、用哪些药物，从而界定孩子在怎样的生活范围内是安全的。

首先，孩子要有坚定不移战胜广泛性焦虑的心。很多孩子被焦虑困扰，给自己和父母都带来了很多的烦恼，父母也难免很焦躁，对于孩子渐渐地失去了耐心。越是在这样的时刻里，父母越是要与孩子齐心协力战胜困难，也越是要坚定不移地站在孩子身边，给孩子鼓舞和力量，帮助孩子变得更加强大。

其次，要改变那些消极悲观的想法，让自己在面对人生中的很多问题时，从消极地思考问题改为积极地思考问题，所谓心若改变，世界也随之改变，也许问题并没有变， 但是孩子们只要调整好心态，积极地看待和思考问题，很多问题就会迎刃而解。

再次，和很多负面情绪一样，孩子越是与它们对抗，它们就越是变本加厉，焦虑情绪也是如此。为此父母要引导孩子接纳自己的情绪，不要总是与自己较劲，而是要在接纳和悦纳自身以及情绪的基础上，给自己一段时间肆意享受焦虑，无所作为地与焦虑和平共处。也许已经习惯了与焦虑抗争的你，在这样与焦虑相处的过程中，会变得心情平静、内心祥和。

最后，发挥父母的积极作用，给孩子树立榜样。很多孩子之所以被焦虑困扰，而且在思考任何问题的时候都很悲观，就是因为受到父母潜移默化的影响。作为父母，在面对生活中的很多难题时，一定要给孩子正面的疏导，而不要口无遮拦地在孩子面前什么都说，结果导致孩子对于生活越来越无奈和被动。父母是孩子的第一任老师，也是孩子最好的老师，所谓身教大于言传，当父母不管何时面对生活都表现出积极乐观，孩

子无形中就会受到影响，也变得积极和乐观。至于那些生活中糟糕的事情，不管是悲观还是乐观，都要坦然面对，因为这是一个唯物主义的世界，很多事情并不会完全按照我们的心意去发展。既然如此，为何不放松一些呢？既然哭着也是一天，笑着也是一天，为何不笑着度过人生中的每一天呢？不但父母要有这样的心态，还要把这种乐观豁达的心态传输给孩子，让孩子可以远离广泛性焦虑。

总而言之，战胜广泛性焦虑，就是要勇敢面对，绝不畏缩。任何时候，逃避都不能解决问题，只有调整好心态从容应对，才能真正战胜焦虑，才能从焦虑中抽身出来。当然，父母对于孩子的引导应该是持久的，而且要以身作则，给孩子树立好的榜样，这样对孩子的教育和引导才会事半功倍。

克服杞人忧天的心理

小杰是一个特别紧张和敏感的孩子，对于人生中的很多事情，他总是莫名其妙地感到担忧。有的时候，妈妈觉得小杰的担心是无稽之谈，但是小杰却对此很固执，不愿意改变想法。

一天傍晚，妈妈下班回到家里正在做饭呢，小杰突然气喘吁吁地跑到家里。妈妈还以为发生了什么事情呢，没想到小杰告诉妈妈：“妈妈，咱们家门外设立了一个公交站点，公交车到了这个站点就要拐弯，我担心如果哪一天有辆公交车忘记拐弯了，直接冲过来，一定会把咱家的墙撞坏的，那车子会不会直接开到我的床上啊！”听到小杰的奇思妙想，妈妈简直无语了，她嗔怪地看了小杰一眼，说：“公交车开得很慢，而且到站之前会减速，怎么可能撞到咱家的房子呢！你呀，有这个心思去操心学习吧，别为这些不可能发生的事情操心，好不好？”

晚上，妈妈做了一条糖醋鱼。小杰只顾着吃青菜，不想吃鱼，妈妈问小杰：“小杰，吃鱼补脑子，妈妈专门给你做的鱼，你怎么不吃呢？”小杰说：“鱼肉里有很多刺，我担心会被鱼刺卡到，那岂不是要去医院让医生用镊子才能取出来么！天色都这么晚了，我可不想跑医院。”妈妈啼笑皆非：“爸爸已经吃了半条鱼了，也没有被鱼刺卡到，你吃鱼肉的时候小心一些，就可以把鱼刺剔出来啊！”小杰还是坚决不吃鱼。次日，妈妈考虑到小杰不吃鱼，就买了一些虾，准备做给小杰吃。然而，妈妈在清洗虾的时候，手不小心被虾刺扎到。小杰很担心，哭着问妈妈：“妈妈，你会不会死啊，我在一个新闻上看一个人被鱼鳍扎到，当天就死了。”妈妈知道小杰说的新闻，因而赶紧向小杰保证：“妈妈一旦觉得不舒服就赶紧去医院，现在你拿点酒精过来给妈妈消毒，好不好？”因为这件事情，小杰夜晚还哭着醒来了一次。

小杰是很细心的，为此他对于生活中的很多事情都非常敏

感，也很担忧。然而，小杰的担忧超过了正常的限度，这使得他从未雨绸缪，变成了杞人忧天，也使得他在生活中被广泛性焦虑困扰，变得非常无奈。作为父母，在看到孩子表现出过度的焦虑状态时，一定要向孩子解释清楚如何预防糟糕情况的发生，这样孩子才能对于很多问题表示放心，也才能对于很多事情有更好的处理和对待。

金无足赤、人无完人，有谁能够面面俱到，把每一件事情都做得非常好呢？父母不能，孩子也不能，既然如此，就要学会接受不完美，就要想方设法寻求内心的平衡，这样才能有的放矢地解决问题，也才能收获人生的幸福与快乐。

人生固然需要未雨绸缪，把很多事情都想到前面，但是却不是把每一件事情都想到前面，做到一劳永逸，因为这是根本不可能实现的。孩子在每个年龄段都会表现出相应的心理特点、感情特点和情绪特点，作为父母不要奢望孩子过于懂事，否则就相当于剥夺了孩子享受纯粹快乐的权利。孩子总有一天会长大，承担起人生中的喜怒哀乐，最重要的就是给予孩子足够的空间让他们自由地成长，明智的父母更不会揠苗助长。

第8章

儿童睡眠焦虑，失眠并不是成人的专属

很多父母误以为只有成人才会有睡眠障碍，如失眠、多梦等，实际上，孩子也常常会感受到睡眠焦虑，甚至被噩梦困扰，被失眠纠缠。为此，父母在关注孩子的生理需求时，要更加关注孩子的睡眠状态，当然睡眠状态和孩子的情绪状态也是密切相关的，毕竟孩子不是机器，不可能按一下按钮就关机，也不可能再按一下按钮就启动。只有身心健康、情绪愉悦的孩子，才能拥有优质的睡眠。

再看五分钟。
快睡吧，明天还上课呢。
小刚，你来朗读这一段。
孩子也会睡眠焦虑。小刚最近上课瞌睡，你们要注意点啊。

孩子为何害怕黑夜

每天晚上，家里都要进行大战，别想错了，这可不是因为学习而引发的大战，毕竟安妮才4岁，还没有那么多的作业需要完成呢！这场发生在妈妈和安妮之间的大战，是关于睡眠的战争。因为早晨还要起床上幼儿园，也为了保障安妮的睡眠时间，妈妈要求安妮每天晚上都要8点洗漱，8点半准时入睡。因为妈妈坚信孩子不但要吃得好，还要睡得饱，这样才能长身体，提升智力。但是，安妮就是不愿意去睡觉。虽然她亲口答应妈妈10分钟之后洗漱上床，但是她已经推迟了3个10分钟，还是不愿意去洗漱睡觉。

眼看着妈妈和安妮之间的这场战争旷日持久，无休无止，爸爸不由得感到厌烦，说："总是不愿意睡觉，再这样爸爸妈妈就不要你了！"安妮哇哇大哭起来，妈妈责怪爸爸说话口不择言，爸爸责怪妈妈对付小孩子都没有办法。安妮一边哭泣一边洗漱结束躺到床上，其实她已经很困倦了，为此到了床上泪痕还没有干呢，就睡着了。但是，她在睡眠中很不安稳，时不时地就会醒来，有一次还哭着大声喊妈妈。无奈，妈妈只好把安妮搂在怀里睡觉。感受着安妮的柔软和无助，妈妈心中对安妮充满了疼惜。

网络上流行的段子里，很多都是关于和孩子进行学习大战的，然而这里我们所要说的是关于孩子的睡眠问题。人类的本能就是恐惧黑暗，所以当孩子表现出对黑暗的恐惧时，父母不要训斥孩子，也不要对孩子不耐烦，而是要理解孩子内心深处对于黑暗的恐惧。越是年幼的孩子越是不知道浓重黑暗的真相和本质，又因为他们的想象力天马行空，所以在思维加工之下，他们对于黑暗充满了无穷的想象。有的孩子觉得黑暗里有怪物，有的孩子觉得黑暗里有大灰狼，也有的孩子觉得黑暗就是死亡。父母如果不能对孩子的心理状态有深刻的洞察和理解，往往会误解孩子胆小，甚至批评孩子。这样的做法除了加重孩子的焦虑情绪，使得孩子在勉强入睡之后也惊恐不安之外，根本无法对孩子起到有效的安抚作用。

有些孩子喜欢睡觉之前听故事，因为孩子无法区分故事的真假，所以对那些童话故事也会信以为真。例如在听了《小红帽》的故事之后，他们梦见自己被大灰狼吃掉，这当然会让他们非常恐惧，从梦中惊醒。为此，父母不要总是强迫孩子入睡，而是要了解孩子的内心，知道孩子为何会害怕黑暗，害怕睡觉，这样才能解开孩子心底的恐惧疙瘩，也才能让孩子心情平静地安然入睡。如果孩子在黑暗中不敢睁开眼睛，父母也可以关灯、开灯的方式让孩子意识到黑暗中并没有什么，有的只是和白天里一样的一切。这样一来，孩子就会感

到心安。

当然，为了让孩子拥有好睡眠，在孩子入睡之前，父母还要避免和孩子进行各种过激的游戏和活动。否则，孩子会觉得很兴奋，睡意全无，也会把最后在游戏中呈现的亢奋状态带入睡眠之中，导致睡眠不安稳。吃饭和睡觉对于孩子都很重要，很多父母只重视孩子吃饭，而不重视培养孩子良好的就寝习惯，保证孩子的优质充足睡眠，结果导致孩子的生长发育不良。吃饱睡足，孩子才能身体健康，也才能心情愉悦。

帮助孩子摆脱噩梦

4岁的甜甜已经开始独立入睡了，一开始当然很不顺利，她很想继续赖在爸爸妈妈的床上，挤在爸爸妈妈中间，感受双倍的温暖和陪伴。但是妈妈坚持认为孩子独立入睡很重要，会让孩子受益一生，为此在甜甜4岁半的时候不管不顾爸爸提出让甜甜一起睡到5岁的建议，坚决为甜甜购置了可爱的公主床，还给甜甜买了粉粉的四件套。甜甜看到这些东西非常喜欢，也表示愿意独立入睡。

甜甜有个优点，那就是不怕黑。所以在妈妈为她打开故事光碟、打开夜灯之后，她就安安静静、一本正经地躺在床上，等着瞌睡神的到来。大概10点钟，妈妈去看甜甜，发现甜甜已经睡着了，感到非常高兴。妈妈也回到卧室踏踏实实睡觉，睡意才刚刚袭来，就听到甜甜的哭声。妈妈马上从床上爬起来，连鞋子都来不及穿，就跑到甜甜的卧室里。甜甜为什么哭泣呢？妈妈来不及问，赶紧抱着甜甜进行安抚，甜甜很快又进入了梦乡。次日清晨醒来，甜甜主动告诉妈妈："妈妈，我昨天晚上做了个梦。"妈妈假装惊讶的样子："真的吗？做了什么梦呢？"甜甜说："我梦见我被大灰狼吃到肚子里，再也看不到妈妈了。"说着，甜甜的眼眶又红了。妈妈安抚甜甜："甜甜，小红帽被大灰狼吃掉，是因为她生活在童话里。咱们家里没有大灰狼，爸爸妈妈把门窗都关好了，大灰狼进不来，而且爸爸妈妈住在靠近门口的地方，大灰狼如果来了，爸爸会把大灰狼打死的。"甜甜问："爸爸用什么打死大灰狼呢？"妈妈想了想，似乎没有太好的工具，又不能说用刀子，只好说："我们不是有金箍棒么，爸爸会用金箍棒把大灰狼打死的。"

当天晚上再睡觉的时候，妈妈特意给甜甜换了一个故事光碟。果然，甜甜没有再梦到大灰狼。

甜甜之所以会被噩梦困扰，是因为她在入睡之前听了《小红帽》的故事，也知道大灰狼是会吃掉小朋友的。又因为她第一次独立入睡，内心还是很紧张的，所以就梦到自己也被大灰狼吃掉了。在睡梦里，她并不知道那是在做梦，为此非常恐惧，大哭起来。很多孩子都会受到噩梦的困扰，尤其是对三四岁的孩子而言，他们还无法区分想象和现实，为此常常会把想

象和现实搞混。对于处于特定年龄阶段的孩子出现的特别表现，父母要了解孩子的身心发展特点，也要有的放矢地引导孩子，帮助孩子缓解紧张情绪。

孩子的心灵是稚嫩的，很多父母都会站在成人的角度看待孩子，却不知道孩子的思维方式和成人根本不同，也有一些父母总是把孩子当成成人去沟通，而忽略了孩子内心深处的纯真。父母一定要全方位呵护孩子，对于孩子在睡眠中出现的各种异常表现都要观察到，都要慎重对待。所谓解铃还须系铃人，只有找到导致孩子惧怕黑暗的根本原因，孩子才能安然享受睡眠。当然，为了给孩子营造良好的入眠环境，父母还可以给孩子播放轻柔的音乐，或者是挑选一些比较美好的故事讲给孩子听，这样一来，相信可以把孩子的噩梦变成美梦，也会让孩子热情地拥抱睡眠、接纳睡眠。如果孩子需要陪伴，父母可以坐在孩子身边安静地陪伴孩子，切勿和孩子一起睡着，否则不利于帮助孩子养成独立入眠的好习惯。正确的方法是陪伴孩子，在孩子还没有正式睡着的时候离开他的身边，让他渐渐地适应独自入睡，也才能拥有香甜的睡眠。

如何缓解睡眠焦虑

这一个晚上，爸爸妈妈都成了熊猫眼，因为安迪整个晚上

都在折腾。他才5岁，就受到失眠的困扰，也许是因为下午睡得太多了。总而言之，他睡不着觉，就不停地喊爸爸妈妈，不停地提出各种要求，诸如要小便、要拉臭臭、肚子饿了等。这样的一个夜晚注定是黑白颠倒的，爸爸妈妈简直要崩溃。爸爸几次忍不住要发火，都被妈妈压制下来。妈妈问爸爸："想想你自己失眠的时候有多么难受，你就会理解孩子。"的确，对于任何人而言，如果在黑夜降临的时候不能入睡，而只是瞪着眼睛到天亮，那一定是非常可怕的感受和体验。

孩子为何会失眠呢？很多父母误以为，孩子根本不会失眠，应该是头一沾到枕头就能睡着的。实际上，很多原因都会诱发孩子失眠，如到了陌生的环境里、入睡之前精神太过亢奋等，都会让孩子失去睡意。有些孩子白天睡觉睡得太多了，也会扰乱生物钟，导致晚上到了该睡觉的时候迟迟没有睡意，反而很清醒。为此，当孩子失眠而陷入焦虑的时候，父母一定不要责怪或者呵斥孩子，而是要找到孩子失眠的真正原因，这样才能有的放矢地解决问题。

也有些父母感到困惑：失眠不就是睡不着觉吗？怎么还与焦虑扯上关系了呢？这么说的父母本身一定没有受到过失眠的困扰，先恭喜您有健康优质的睡眠，接下来要告诉您的是，任何一个人如果在其他人都呼呼大睡的时候，独自瞪着眼睛等待天亮，他一定是会备受煎熬的，焦虑也就因此而产生。随着时钟嘀嘀嗒嗒向前，他的焦虑也会不断地加深。人人都有这样的

体验，即在身体状态良好和心情愉悦的情况下，时间总是过得飞快，而如果在身体不舒服或者心情特别糟糕的情况下，时间却就像静止了一样使人觉得难熬。虽然时间的流逝是绝对的，但是每个人却因为不同的感受而产生对于时间的不同感觉，这一点即使对于孩子也同样存在。为此，只有端正心态，理清楚时间和睡眠之间的关系，也理清楚睡眠和焦虑之间的关系，我们才能帮孩子缓解焦虑。

你可曾有过一觉到天亮的感觉？很多人在睡梦中被焦虑侵袭，做各种噩梦，等到从噩梦中惊醒的时候，才发现时间只过去了1小时，不由得抱怨夜晚怎么这么长呢？有的人头一沾枕头就睡着，等到再次睁开眼睛的时候，觉得时间只过去了一瞬间，但是太阳已经照着屁股了。这就是好睡眠的神奇魔力，让人对于时间的流逝无知无觉，让人在深度睡眠的状态中恢复精力。

睡眠是为了让大脑停止运转，甚至连梦也不做，所以人们都说没有梦的睡眠才是好的睡眠。与睡眠的作用恰恰相反，焦虑则会让大脑始终保持紧张的运转状态，使大脑得不到休息，变得非常疲惫。由此可见，睡眠与焦虑原本是相互对立的矛盾关系，可想而知当孩子在黑暗中被矛盾撕扯，而又因为在寂静的夜里一切声音都显得那么清晰的时候，他们的神经绷得有多么紧，他们的思维又在无声地狂欢，刺激大脑进行更加激烈的运转和紧张的思维活动。不管是对于成人还是对于孩子而言，失眠都不是使人愉快的体验。作为父母，当发现孩子有失眠的表现，又非常焦虑的时候，一定要及时安抚孩子的情绪，不要让孩子面对失眠焦虑的时候孤军奋战。为孩子准备一张舒适的床，给孩子一盏光线柔和的睡眠专用灯，精心为孩子挑选故事或者柔和的音乐，父母要尽最大的力量助力孩子的好睡眠。当孩子安然入睡，不被噩梦困扰，他们的睡眠焦虑也就会烟消云散，不复存在。当孩子吃得饱、喝得好而且睡得舒服的时候，他们的心情也会变得愉悦，他们的成长会更加充满动力。

让孩子形成良好的睡眠方式

好睡眠的获得不仅仅依赖于外部的条件和因素，也不仅仅取决于孩子是否感到困倦或者是否愿意入眠，与睡眠方式之间也有着密切的关系。很多孩子睡眠方式不好，睡眠质量不佳，导致父母也跟着孩子一夜之间醒来好几次，彼此都疲惫不堪、困倦不已。而当孩子形成良好的睡眠习惯，掌握合适的睡眠方式，孩子睡得好，父母也睡得好。当然，一旦孩子养成了不好的睡眠习惯，要想戒掉坏习惯，形成好习惯，则是很难的。父母要想帮助孩子形成良好的睡眠方式，就要有足够的耐心，因为这不是一件一蹴而就的事情，必须付出长期的辛苦和努力，

才能在循序渐进的过程中渐渐地收获成果。

新生儿从呱呱坠地开始就面临睡眠问题，这比很多父母误以为的孩子长大之后才会面临睡眠困扰提前了很长一段时间。因此，父母对于孩子的睡眠问题要及早重视，从孩子出生之后就留心培养孩子良好的睡眠习惯。曾经有心理学家经过研究发现，如果孩子在刚刚出生的几个月里受到睡眠问题的困扰，那么他们在成长过程中受到睡眠问题困扰的概率远远比那些出生之后睡眠状态良好的孩子更高。看到这里，一定有很多父母会感到担心：我的孩子从出生就睡眠不好，以后一定会被睡眠问题困扰吗？其实也没有那么绝对的关系，或者说孩子已经长大且出现了睡眠问题，只要及时改进睡眠方式，还是可以亡羊补牢，让孩子拥有好睡眠的。

有很多父母都遭遇过孩子闹觉，会意识到让孩子安然入睡、独立入睡简直难于上青天。很多婴儿在入睡前不停地吃母乳，每当妈妈想要起身离开的时候，他们马上惊醒，这让妈妈不堪重负，疲惫不已。实际上，父母只需要陪伴孩子入睡，而不需要对孩子做出什么事情，这样才能帮助孩子养成独立入睡的好习惯。也有的父母对孩子极其不耐烦，不愿意安静地陪伴孩子入睡，那么当孩子在紧张焦虑和对黑暗的恐惧之中入睡之后再次醒来的时候，一定会哭得歇斯底里，必须在父母的再次安抚下才能入睡。反之，那些第一次入睡的时候有父母陪伴、内心充满安全感的孩子，则在睡醒之后会进行自我安抚，不需

要父母就能再次入睡。由此可见，父母是孩子安全感的重要来源，父母一定要尽量呵护和陪伴孩子，这样才能让孩子情绪愉悦，也给予孩子更强大的力量面对成长。相信看到这里，很多父母一定会感到困惑：前文说不让陪着孩子入睡的啊？的确，父母要陪伴孩子，却不是陪睡孩子，在孩子清醒的时候陪在孩子身边，哪怕什么话都不说，也会让孩子感到安全，而在孩子真正入睡之前离开，让孩子独立入睡，这么做的父母可以一举两得，既能够给予孩子安全感，也可以让孩子更独立。

很多父母总是一厢情愿地把孩子想象得很弱小，觉得孩子什么事情都不能去做，而且也做不好，殊不知，孩子的能量超出父母的想象。只要父母信任孩子，激发孩子的潜能，孩子就可以变得更加强大起来，有让父母刮目相看的表现。在西方国家，很多父母从孩子出生，就让孩子独自在一个房间里睡觉。而在中国，大多数孩子出生之后都是和父母同床，单独睡一张床的孩子都很少，这也是很多孩子都不够独立的原因。

要想让孩子一夜好眠，就要在孩子睡觉之前做好准备工作。布置适宜入眠的氛围和环境这一点无须多言，还可以通过让孩子喝牛奶等方式促进孩子进入睡眠状态。一定要远离那些会让孩子兴奋的食品和饮料，如茶水、咖啡、巧克力以及碳酸饮料等。这些食物和饮料中含有的咖啡因都会让孩子的睡眠焦虑更加严重，加重孩子的失眠状态。当然，父母也要把握好合

适的限度，为孩子做睡眠准备最好在自然状态下，不要过度紧张和如临大敌，否则就会把这样的紧张情绪传染给孩子，使孩子无法保持平静。当然，对于年幼的孩子而言，熟悉的环境会让他们更安全，所以孩子入睡的地点不适宜来回地变动，以固定的地方为佳。否则孩子在一觉醒来之后会有“不知置身何处”的感觉，这会让他们感到迷惘和焦虑，有些孩子还会莫名其妙地哭泣很久。实际上，这只是因为他们睁开眼睛的时候没有看到熟悉的一切。

当然，父母作为最了解孩子的人，应该还会想出更好的方式方法助力孩子的睡眠，而不要照搬教科书，更不要迷信所谓专家学者的意见。自己的孩子自己最熟悉、最了解，也最关切，那么就让父母发挥对孩子的爱，给予孩子的成长最好的陪伴吧！好的睡眠，让孩子健康成长，好的睡眠方式更是让孩子受益一生。好习惯要从小培养，作为父母一定要对孩子有耐心，引导和帮助孩子拥有好睡眠！

让故事陪伴孩子快乐入睡

最近，小娜总是睡不着觉，妈妈虽然认真观察，但是还没有发现让小娜排斥和抗拒黑暗、睡眠的原因，为此觉得很无奈。有一天中午，小娜正在听故事，不知不觉就睡着了，妈

妈突然想到：也许讲故事可以帮助小娜更好地入睡。当天晚上，妈妈就亲自捧着绘本给小娜讲故事，一开始小娜瞪大眼睛听得很兴奋，渐渐地眼皮就开始发沉，等到妈妈拿着绘本离开之后，小娜很快就睡着了。发现了这个好方法之后，妈妈屡试不爽，由此就养成了每天晚上讲故事陪伴小娜睡觉的习惯。

然而，皮特的爸爸就没有这么幸运了。最近，皮特妈妈在出差，皮特爸爸每天晚上都负责给皮特洗漱，陪着皮特睡觉。但是，皮特就像是不需要睡眠的小鱼一样，始终把眼睛瞪大，不愿意闭上眼睛睡觉。有几次，爸爸都已经躺在皮特身边酣然入睡了，皮特还是生龙活虎。真不知道皮特和爸爸到底是谁在陪谁睡觉。

很多父母在哄娃睡觉的时候都会面临这样的困境，即父母已经困得睁不开眼睛，但是孩子却一个比一个更加生龙活虎，似乎根本不会感到困倦。这让父母感到非常困惑：孩子哪里来的这么多精力呢？的确如此，孩子除了晚上睡觉的时候可以安安静静躺着，在白天的时间里，只要身体舒服，他们就会不停地动来动去。当孩子不想动弹的时候，他们往往是生病了。为此父母的心态也很矛盾，一方面希望孩子能够老老实实待着，另一方面又希望孩子不要生病，身体健康，精力充沛。其实，每当夜晚到来的时候，不是孩子不知疲倦，而是因为他们的兴奋劲头还没有过去，需要缓冲的时间才能从精神抖擞过渡到心

情平和，从而酝酿睡意。

为何讲故事对于孩子有这么好的助眠作用呢？是因为孩子从理智上知道自己应该睡觉了，但是在大脑中依然有焦虑情绪存在，为此他们的身体和神经都处于亢奋状态。如果直接要求孩子必须保持平静，孩子一定无法做到，但是听故事恰恰需要孩子静下心来，专注于父母此刻正在讲的故事，为此他们很快就会恢复平静，紧绷的神经也会放松下来，从而顺利进入睡眠状态，这就是讲故事的神奇所在，所以才会有那么多的父母都热衷于以讲故事的方式帮助孩子入睡。当然，讲故事作为屡试不爽的哄娃神器，每次都会发挥强大的作用，让孩子快速入眠。

需要注意的是，父母在选择给孩子讲什么故事的时候，是要有考量的。有些故事非常暴力，情节激烈，会导致孩子更加兴奋，让孩子的神经紧绷。要选择那些节奏舒缓、语言优美的故事，孩子才能在听故事的过程中放松下来。此外，睡前故事不要太长，否则孩子还没有听完一个故事就睡着了，会在潜意识里惦记着故事的结尾，也会导致睡眠不安稳。正确的做法是要选择篇幅适中的故事，这样孩子可以听到完整的故事，内心会觉得圆满。当孩子被睡眠焦虑困扰的时候，明智的爸爸妈妈可不要偷懒哦，赶紧捧起故事书，成为孩子睡觉前最优秀的故事大使吧！

孩子的睡眠焦虑有哪些具体表现

面对孩子入睡前的“无理取闹”，很多父母都会感到困惑和无奈，这是因为相比其他焦虑更容易识别，睡眠焦虑带有很大的虚伪性。这使得大多数父母在孩子表现出抗拒入睡的行为时，根本无从判断孩子是真的在拖延入睡的时间，还是被睡眠焦虑困扰，因而迟迟不肯进入睡眠状态。实际上，只要掌握了孩子睡眠焦虑的常见表现，父母就可以有效甄别孩子出现睡眠障碍的根本原因，从而根据原因帮助孩子，指引孩子更加投入地享受睡眠。

对于睡眠焦虑，很多父母都持有不以为然的态度，觉得孩子就是不困，睡不着，等到真的困倦了就会睡着。实际上，睡眠焦虑带给孩子的负面影响很大，有些孩子长期被失眠困扰，还会患上严重的焦虑症和抑郁症。在白天里，当孩子被焦虑困扰的时候，他很容易就能转移自己的注意力，但是在寂静无声的暗夜里，其他人都睡着了，只有孩子瞪大眼睛无法入睡，为此他们内心会更加紧张焦虑，也缺乏可以有效分散注意力的方式。孩子越是把所有的注意力都集中到睡眠焦虑上，睡眠焦虑就会越发严重。为此，父母一定要及时关注孩子的睡眠状态，也要了解孩子的睡眠焦虑有哪些表现，从而才能帮助孩子缓解焦虑症状。

第一种，觉得黑暗中隐藏着怪兽或者其他不可知的可怕东

西。孩子的语言表达能力有限，尤其是三四岁的孩子无法准确区分想象和现实，为此常常会把想象和现实搞混。在面对黑暗的时候，他们又有本能的恐惧，再加上从故事中听到一些稀奇古怪的事情，把这些因素糅合在一起，孩子就会特别恐惧。为此，他们不敢在黑暗中睁开眼睛，或者拒绝父母把房间里的灯关掉。这是孩子对于黑暗的恐惧与天马行空的想象混在一起的睡眠焦虑表现。

第二种，很多孩子不敢独自入睡。有些孩子已经十几岁了，还是要和爸爸妈妈一起睡，或者至少和爸爸或者妈妈一起睡。一旦他们独自躺在床上，独自在一个房间里，他们就无法控制内心深处的紧张和恐惧，也有很多孩子在负面情绪的驱使下半夜爬起来去父母的床上接着睡。其实，孩子之所以出现这样的情况，很重要的一个原因是父母陪伴他们的时间太长，导致他们错过了最佳的分房睡觉的时间，对于父母产生了无法摆脱的依赖。这对于培养孩子的独立性没有任何好处，还会导致孩子胆小怯懦。

第三种，有些孩子会非常紧张，尤其是受到睡眠焦虑困扰的孩子，常常会莫名其妙地紧张、恐惧，有的孩子还会做出过激的举动。不得不说，这是情绪紧张和焦虑到一定程度后，孩子才会做出的行为表现。一旦发现孩子有异常表现，父母一定要及时观察孩子的各个方面，从而有效地帮助和引导孩子。

第四种，也是大多数睡眠焦虑孩子的常见表现，就是不愿意上床睡觉，找各种借口拖延自己上床睡觉的时间，甚至还会因此而撒谎。这个表现识别度最低，因为当孩子拖延睡觉的时候，也会做出相同的举动。所以父母在判断孩子为何不愿意入睡的时候，还可以结合其他的原因对孩子的真正睡眠障碍进行分析。

第五种，识别度最高，即失眠噩梦。当孩子出现失眠、做噩梦等情况时，毋庸置疑，他们一定是在被睡眠焦虑困扰。而且，他们的睡眠焦虑还很严重，所以才会影响他们正常的睡眠状态和行为表现。当孩子长期睡眠不佳，他们的身体健康也会受到损害和威胁。

当然，未必每个孩子的睡眠焦虑表现都会符合上述五条。每个孩子都是这个世界上独立的生命个体，父母作为孩子在成长阶段最亲密的人，除了要关注孩子的吃喝拉撒等生理需求外，还要关注孩子的情绪情感和心理状态。唯有全方位关注和照顾孩子，真正地给予孩子切实有效的帮助，孩子才能拥有好睡眠，也才能健康快乐地成长！

小测试：

（1）5岁以上的孩子可以独立入睡吗？

（2）孩子能够保持愉悦的心情进入睡眠状态吗？

（3）孩子从未出现过失眠的状态吗？

（4）孩子从未受到过噩梦的困扰吗？

（5）孩子可以一觉睡到天亮吗？

（6）孩子能够回忆起自己的梦境吗？

（7）孩子喜欢听爸爸妈妈讲故事吗？

（8）孩子丝毫也不害怕黑暗吗？

（9）孩子每天洗漱上床的时候很积极吗？

（10）孩子在半夜醒来之后可以独自再次入睡吗？

在上述这些问题中，“是”的回答越多，说明孩子的睡眠状态越好，“否”的回答越多，说明孩子对于睡眠的焦虑状态越是严重，那么父母就要关注孩子的睡眠状态，从而采取适宜的措施辅助孩子顺利入眠。

第 9 章

郁郁寡欢的孩子，可能是患上了儿童抑郁症

每当孩子郁郁寡欢的时候，如果不是因为某件特别的事情发生让他们心情低落，而是时常表现出这个样子，那么父母就要特别关注孩子，尤其要留心孩子抑郁的表现。很多父母误以为只有成人才会患上抑郁症，而无忧无虑的孩子理应快乐、幸福，而实际上孩子也有可能患上儿童抑郁症，为此父母一定要时刻关注孩子的身心健康，及时给予孩子全方位的帮助和引导。

你昨晚的作业怎么回事?
真的忘带了吗?
骗人鬼……
爱撒谎的孩子。
怎么啦,跟
爸妈说说吧。
我明明都写了,
大家怎么都不相
信我……
不要你们管!
孩子最近心情一直
低落,我们还是找
医生咨询一下吧。

孩子也会患上抑郁症

马蒂从小就和姥姥在一起生活，直至到了入学年龄，父母才把他接到身边。马蒂一下子离开了姥姥，对姥姥非常想念，妈妈承诺到了寒假就会带着他一起回家看望姥姥，这才缓解了他对姥姥的思念。然而，天有不测风云，人有旦夕祸福，就在马蒂日盼夜盼即将要放假的时候，却突然传来噩耗：姥姥因为一场车祸离开了人世。姥姥的离世给了马蒂沉重的打击，他不止一次抱怨爸爸妈妈为何要把他带离姥姥的身边，甚至觉得如果自己不离开姥姥，姥姥就不会发生意外。渐渐地，他的精神越来越恍惚，而且很排斥和抗拒与父母沟通。

妈妈很担心马蒂的精神状况，还向爸爸提出是否应该带马蒂去看心理医生。爸爸安慰妈妈："没关系的，马蒂和姥姥感情深厚，姥姥去世对他打击很大，他需要一段时间去接受。"有一天，马蒂还拐弯抹角问起妈妈天堂在哪里，人为什么要去天堂。次日，妈妈就接到学校老师打来的电话，说马蒂从学校操场上的围栏上掉下来，导致腿部骨折。妈妈心中的不好预感终于得到应验，她火速赶往学校带着马蒂去医院，并且不顾爸爸的劝阻陪伴马蒂一起去看心理医生。经过心理医生的一番详细诊断，马蒂被诊断为患上了中度抑郁症，而且对姥姥的思念使他非常焦虑不安，无法控制自己的情绪和感受。

显而易见，爸爸妈妈尽管知道姥姥去世给马蒂带来的打击，却没有想到这个打击对于马蒂而言是这么沉重和无法承受。直到马蒂做出这样危险的事情，爸爸妈妈才知道问题的严重性，也才意识到马蒂的情绪健康的确出现了严重的问题。相信在爸爸妈妈对于马蒂的情绪问题日益重视之后，马蒂在爸爸妈妈的照顾和引导下，会渐渐地走出感情的困境，会带着姥姥对他的爱更加努力认真地生活下去。

抑郁症难道只是成人的专利吗？其实不然，孩子也会患上儿童抑郁症。近些年来，随着抑郁症患者自杀的事件越来越频繁地发生，更多的人开始关注抑郁症，但是他们误以为只有成人才会患上抑郁症，而忽略了孩子虽然还小，但是也会被抑郁情绪困扰。曾经有机构进行统计发现，在15~35岁的青少年和青年群体中，死亡原因中占比最高的是自杀。这不由得让人扼腕叹息，在大好的青春年华，为什么他们不珍惜生命，反而要这样死去呢？从心理学的角度而言，大多数选择自杀的人都有程度不同的抑郁症，所以他们才会失去对生存的希望和兴趣，选择了结束生命这条决绝且无法挽回的道路。

抑郁症并不是成人的专利，儿童也会患上抑郁症。之所以父母对于孩子的抑郁症表现会忽视，是因为大多数孩子的语言表达能力有限，而且也因为情感发展不成熟，情绪表达不完

善，再加上孩子很容易因为各种事情而转移注意力，所以他们的抑郁症表现时断时续，并不像成人抑郁表现那么明显。此外，也有很多父母头脑中根本没有“孩子也会患抑郁症”这根弦，他们觉得孩子有吃有喝，生活无忧无虑，是没有资格和权利患上抑郁症的，为此从主观角度上就否定了儿童抑郁症。曾经，人们也认为成人抑郁症是无中生有，是自寻烦恼，后来随着抑郁症患者的生命安全受到严重伤害，他们才意识到抑郁症的严重危害。如今，作为父母，也急需转变观念，慎重认知和对待儿童抑郁症，从而才能给予孩子更全面的关注和更周到的照顾。

了解孩子抑郁的表现

马蒂患上了中度抑郁症，这让爸爸妈妈都非常担心，他们很想帮助马蒂，但是又不敢轻举妄动，生怕触动了马蒂的负面情绪。他们还想起心理医生的叮嘱：尽量减少刺激马蒂，给他带来快乐的感受，让他感觉到父母的爱，避免他产生轻生厌世的想法。

在接受心理医生的诊断之前，妈妈对于马蒂的反常表现并不完全了解，也没有及时发现。现在知道马蒂患上了中度抑郁症，再来看马蒂的各种表现，妈妈觉得的确很符合抑郁症患者的行为举止。例如这个周末，最喜欢和小伙伴们一起玩球的马

蒂就没有出门，而是一个人呆呆地坐在房间里，看着窗外。其实，马蒂上个周末也没有出门，当时妈妈很庆幸，因为马蒂一旦出去玩球就会浑身脏兮兮地回来，妈妈认为这样留在家里安静一下反而是好事情。但是现在看着马蒂，妈妈只有担心，妈妈多么希望他可以和以前一样出去和小伙伴们玩球。妈妈委婉地对马蒂说："马蒂，妈妈要去超市采购，你可以陪着妈妈一起去吗？因为我要买的东西很多，我想你可以帮我。"马蒂头也不回，说："不去！"妈妈很无奈，又问："那么你想吃什么东西，妈妈可以给你买！"马蒂还是头也不回："什么也不想吃。"妈妈不知道该如何是好，只得走出马蒂的房间。

过了一会儿，爸爸又来和马蒂沟通："马蒂，今天天气很好，我们约上你的几个小伙伴，一起去山上宿营和野餐，好吗？""不好，不好，不好！"马蒂的情绪突然糟糕起来，他站起来，转身走到爸爸身边，把爸爸推到房间门外："我只想一个人待着。"面对马蒂的不礼貌，爸爸原本想发火，但是想到马蒂此刻正在承受着的痛苦，他选择了忍耐。

马蒂的表现是典型的抑郁症表现，即对一切事情都不感兴趣，对于美食也丝毫没有欲望，只想一个人待着，不愿意与人打交道。这样看来，马蒂很像患上了自闭症，实际上马蒂只是抑郁症，和自闭症没有任何关系。他只是觉得很厌倦，没有兴趣而已。当然，很多父母并非专业的心理领域研究学者，为此他们常常会把自闭症与抑郁症搞混，尤其是当这两种心理疾

病的症状表现出共同点的时候，他们更是无法准确区分。没关系，心理专家为我们指出了儿童抑郁症的五个方面的典型表现，父母只要掌握了这五种典型表现，就可以更加细致地观察孩子的表现，给予孩子更好的帮助和对待。

第一，患有儿童抑郁症的孩子，身体上会出现明显不适，如食欲降低，体重减轻，头昏脑胀，便秘，整个人都很疲惫和乏力等。这些症状都不是无缘无故出现的，在看到孩子的改变之后，父母要当即深入观察和了解孩子，才能及时把握孩子的情况，才能有的放矢地帮助孩子。

第二，孩子们在身体发生反应后，情绪上也会陷入波动状态。他们或者情绪很消沉低落，或者马上变得特别亢奋，或者敏感自卑，或者心中充满疑虑，甚至有些孩子还会产生负罪感，不管事情的责任是否需要他们承担，他们都会指责和否定自己，这样一来，他们的情绪状态陷入负面循环之中。

第三，孩子的思维模式也会发生改变。患有儿童抑郁症的孩子很难专注地去做很多事情，甚至对于他们原本很感兴趣的游戏，或者是动画片，他们也会失去兴致继续参与。他们的理解能力和记忆能力都会相应下降，甚至有些孩子还会出现幻觉，无法区分清楚幻觉、想象与现实之间的关系。

第四，孩子的行为会发生改变。心态的变化、思维模式的改变、情绪的波动，理所当然会导致孩子的行为发生改变。当孩子莫名其妙地哭泣，当原本性情温和的孩子变得具有攻击性，当孩子伤害自己和他人，父母要留意他们的情绪状态和变化，从而才能有效地帮助孩子，给予孩子最好的情绪引导和疏导。

第五，人际关系随之发生变化。患有儿童抑郁症的孩子会刻意逃避人际相处，他们渐渐地疏远了原本关系亲密的好朋友，也会和父母之间频繁地发生矛盾和争吵，还会乱发脾气，不愿意见到陌生人或者接触陌生的事物。他们就像是一头受伤的小兽一样，只想把自己隐藏起来，只想独自舔舐伤口，他们拒绝别人的帮助和亲近，也不愿意帮助和亲近别人。

上述这五个方面的表现，是抑郁症孩子典型的异常情绪和心理状态、异常行为的表现。作为父母，要想照顾好孩子，抚育孩子健康快乐地成长，除了要关注孩子的吃喝拉撒等基本生理需求之外，还要了解孩子的情绪和感情状态，洞察孩子的心理出现了怎样的变化，以及孩子需要得到怎样的帮助。只有积极帮助和引导孩子，孩子才能健康快乐地成长，才能走出抑郁的困扰，拥有充实美好的童年。

不要当着孩子的面说郁闷

最近，爸爸的单位正在精简人员，为此已经在单位工作了十几年的爸爸也有可能失去工作。虽然事情还没有最终定论，但是爸爸已经听到了风声，为此他整日唉声叹气。每到吃饭的时

候，爸爸就会和妈妈说起下岗的事情，商量如果真的下岗，以后要如何维持生活。有的时候，妈妈还会安慰爸爸：“没关系，失去了这份如同鸡肋的工作，说不定会有更好的发展呢！”有的时候，已经习惯了在单位里上班的爸爸，也会感到很迷茫，就会对妈妈说：“仔细想想，简直太郁闷了，我都在单位工作十几年了，从大学毕业到现在人到中年，把最美好的青春年华都给了单位，却落得这样的下场，真是让人心寒。”有一次，爸爸因为心中苦闷，喝醉了，还说“活着真没意思”。这些话，爸爸妈妈在说的时候从未避开马波。渐渐地，马波也变得很消极。

期末考试，马波的成绩有了很大的下滑，老师不明原因，特意把爸爸妈妈叫到学校当面沟通。老师问爸爸妈妈家里最近是否发生了什么事情，爸爸妈妈都说没有，但是马波成绩下滑是事实，他们向老师保证等回到家里，一定会认真询问马波。爸爸恨铁不成钢，批评马波不认真学习，马波却漫不经心地说：“好好学习又怎么样，考上大学找到工作，也难逃下岗的厄运。”爸爸这才知道原来马波是受到他下岗的影响。想到自己曾经说过的那些话，爸爸觉得很懊悔，为此在马波面前弥补：“孩子，有本事走到哪里都不愁饭吃。爸爸要是当初认真学习，掌握更多技能，就不会被辞退，或者哪怕被辞退了，也很容易找到更好的工作。但是爸爸回不去了，不可能再回到像你这么大的样子，所以爸爸无法改变过去，只能尽量弥补。你大概知道，爸爸还专门报名参加了培训班呢，就是想多学一门技能。”马波恍然大悟。

孩子的理解能力有限，又因为他们非常信任和依赖父母，所以对于父母所说的很多话，他们都会无形中记在心里，也会受到父母潜移默化的影响。为此明智的父母一定不要当着孩子的面说那些丧气话，更不要随随便便就放弃，否则就会给孩子带来消极的影响，也会导致孩子变得消极失落，不愿意继续努力奋进。

人生不如意十之八九，作为父母首先要端正面对人生的态度，不要奢望人生总是一帆风顺、顺遂如意的。每个人在面对人生的过程中都会经历各种坎坷挫折和磨难，最重要的在于一定要不抛弃、不放弃，始终在人生之中昂扬向上，始终在面对人生的过程中努力奋进，这才最重要的，也才是真正的强者姿态。正如海明威笔下的《老人与海》中的桑迪亚哥老人一样，他可以被打倒，就是不会被打败。正是因为如此，他才能以渺小的人类力量屹立在漫无边际的大海中，才能始终都很坚强。

人们常说，父母是孩子的第一任老师，也是孩子最好的老师，这是因为父母始终在与孩子朝夕相处，始终都给孩子最直观的印象。为此，要想做好父母，一定要谨言慎行，切勿口无遮拦当着孩子的面说各种丧气话、郁闷话，更不要因此而给孩子造成不好的印象和影响。细心的人会发现，在父母积极乐观的家庭里，孩子也往往很积极乐观，能够正确面对生命中的很多挫折和磨难而不放弃。反之，如果父母悲观失望，导致家庭氛围很糟糕，则孩子也会悲观消极，遇到小小的困难就会退缩，而根本无法做到迎难而上。为此，父母要为孩子树立好的

榜样，才能给予孩子积极的影响和正面的帮助。

多接触阳光，忧郁就会被驱散

可乐3岁了，最近夜里闹腾得特别厉害，搅和得爸爸妈妈夜里都睡不好觉，上班的时候都困倦得睁不开眼睛。为此，他们只好把奶奶从老家接过来，让奶奶帮忙带一段时间可乐。让爸爸妈妈惊讶的是，自从奶奶来了之后，可乐夜里睡觉就安稳多了，为此爸爸还和奶奶开玩笑："妈，看来可乐是想你了！要不，怎么你一来，她就偃旗息鼓了呢！"细心的妈妈发现可乐变得黑了，问奶奶："妈，您最近白天是不是都带可乐出去？"奶奶得意地回答："当然。我们每天和你们上班一样，你们上班出门，我们等到太阳露头就出门，带着小板凳和水，还有面包，去太阳地里玩去。"妈妈沉吟道："难怪我觉得可乐变黑了呢！要是太阳太毒，您别带她在外面太久，晒一会儿就回来。"奶奶不以为然："孩子黑一点怕什么，健康才是最重要的。你没见孩子晒太阳之后，睡眠都变得好了嘛！"妈妈无奈："难道晒太阳还能治病吗？"

这个偶然出现的想法激发了妈妈的灵感，妈妈上网查阅了相关的资料，居然发现晒太阳不但能补钙，还能治疗抑郁症呢！难道此前可乐是因为总是闷在家里，才会导致心情忧郁或者缺钙哭闹的吗？妈妈带着可乐检查微量元素，发现可乐真的有些缺钙，而且还带着可乐去咨询了心理医生，心理医生对妈妈说："孩子需要多晒太阳，才能健康快乐，阳光可以补钙，也可以驱散抑郁，是孩子成长中不可缺少的养料。"

冬天的时候，日照时间比较短，为此孩子晒太阳的时间也相应减少，尤其是很多照顾孩子的人没有意识到孩子需要长时间晒太阳，还因为天气冷而减少了孩子在户外活动的时间。殊不知，孩子缺少阳光照射，体内的"松果体"腺体就会活跃，分泌出大量激素，导致身体内甲状腺素的浓度和细胞的活跃程度发生改变。这样一来，孩子当然会感到内心抑郁。孩子控制情绪的能力还很差，不会像成人一样掩饰，而是把一切都表现在行动上。年幼的孩子就会哭闹，大一些的孩子则郁郁寡欢。为此父母一定要全方位关注和照顾孩子，不但要满足孩子的生理和心理需求，也不要忘记带着孩子接受充足的阳光照射。

很多父母都知道孩子照射阳光少会影响长高，为此盲目给孩子补充钙质。殊不知，如今市面上的很多补充钙质的制剂都含有维生素D，而当孩子摄入大量维生素D的时候，会引起维生素D中毒，也会导致心情不好、食欲减退、情绪狂躁等。为此，越是到了寒冷的冬季，父母越是要合理安排孩子户外活动、接受阳光照射的时间，而不要总是限制和减少孩子的户外活动。好身体和好心情都是晒出来的，父母不要吝啬给孩子晒太阳，孩子才能健康快乐地成长。

帮助孩子缓解和消除压力

每天，佩佩3点钟放学，3点半回到家里，马上就要开足马力完成学校的作业，这是因为她只有两个小时完成学校的作业。在吃完晚饭之后，她6点半要准时开始完成课外作业。即便如此争分夺秒，她也要到9点半才能完成课外作业，而抓紧时间洗漱之后，赶在10点钟上床睡觉。对于佩佩完整的一套程式化表现，妈妈感到很满意，经常向人夸赞佩佩学习很主动，不需要父母盯着。

有一天，妈妈正在上班呢，接到学校老师的电话，说佩佩突然晕倒了。“为什么会晕倒呢？”妈妈很紧张，赶紧向领导请假赶到学校去。到了学校，佩佩已经在医务室里喝了两支葡萄糖，清醒了过来。看着虚弱的佩佩，妈妈紧张地问校医：“孩子为何会晕倒？”校医说：“学校里医疗条件有限，建议您带孩子去医院进行全面检查，查明原因。”就这样，妈妈带着佩佩在医院里进行了全面检查，事实证明佩佩的身体一切正常。但是，佩佩还是经常说头晕，在体检医生的建议下，妈妈又带着佩佩去看了神经科的医生。神经科医生第一时间就询问了佩佩的学习安排和生活规律，得知佩佩每天的学习生活那么紧张，而且睡眠状态也不是很好，医生忍不住责怪妈妈：“孩子才上三年级，你觉得有必要搞得和初高中的孩子一样紧张吗？肯定是有神经衰弱，所以才会头晕的。”“神经衰弱？这不都是年纪大的人才会得的病吗？”妈妈问医生。医生说：“神经衰弱不

分年龄，最重要的是保持心情愉悦，不要总是紧张焦虑，否则孩子也照样会得神经衰弱，甚至会得抑郁症。孩子已经出现了睡眠焦虑，说明她的压力很大，已经影响到她的情绪。你一定要引起重视，帮助孩子消除压力，而不要一味地强压孩子，否则等到发展成抑郁症，再想改善就很难了。”

在医生的郑重告示下，妈妈意识到问题的严重性，回到家里，妈妈把佩佩的9个课外班删减到4个，而且再也不给佩佩布置那么多的课外作业了。佩佩晚上有了可以自由安排和支配的时间，或者画画，或者看课外书，过得不亦乐乎，精神也越来越放松，睡眠状态也越来越好，再也不说头晕了。

在人世间，很多事情都要建立在健康的身体之上，正如人们常说的，健康的身体是1，其他的一切都是0。如果没有健康的身体，有再多的0又有什么意义呢？作为父母，在教养孩子的过程中，切勿本末倒置，而是要以孩子的身心健康为重，在此基础上督促孩子学习和进步，这样孩子才会取得更加长远的发展和更好的成长。父母要记住，孩子不是学习的机器，而是有血有肉的小生命。父母也不要因为对孩子付出很多，就觉得自己可以主宰孩子的人生。孩子是独立的生命个体，父母可以引导孩子，却不能命令孩子；父母可以帮助孩子，却不要完全取代孩子。只有端正心态，摆正位置，父母与孩子才能更好地相处，也才能保证孩子健康快乐地成长。

现代社会，很多成人都觉得自己压力山大，是因为他们不

但要照顾家庭，养育孩子，还要承担任务繁重的工作。为此，父母总是觉得自己为孩子付出了太多，无形中对于孩子的期望也就变得更高。每当孩子觉得学习很辛苦的时候，父母还会指责孩子："你有什么辛苦的，不就是学习么，又不需要为生计发愁，每天有吃有喝的，多么幸福啊！"的确，仅从表面看起来，孩子的确是无忧无虑，应该感到满足的，但是实际上，孩子也承受着巨大的压力。尤其是在如今大多数父母都陷入焦虑状态的今天，父母总是望子成龙，望女成凤，无形中就把压力转嫁到了孩子身上。很多孩子才两三岁，就被父母安排上各种培训班和补习班，美其名曰全面发展，实际上父母的功利心很强。一旦进入小学阶段，每当到了考试之前，父母甚至比孩子更加紧张和如临大敌，弄得孩子根本无法以平常心对待考试。为此，父母要想帮助孩子缓解和消除压力，首先要对孩子的学习怀有端正的态度，而不要觉得孩子学习是天经地义的，就给孩子各种压力。

很多孩子之所以患有抑郁症，就是因为压力太大。然而，孩子还很小，身体和心灵都很稚嫩，他们既无法准确表达压力和抑郁情绪，也无法排遣压力，缓解焦虑情绪。又因为父母的忽略和轻视，所以当孩子因为压力山大、抑郁严重而做出各种过激举动的时候，父母往往追悔莫及。真正合格的父母不但会照顾好孩子的吃喝拉撒，满足孩子的生理和心理需求，更是会关注孩子的情绪和情感状态，给予孩子更有效的帮助和指引。作为父母，最大的成功不是培养出多么优秀和出类拔萃的孩子，而是培养出健康、快乐、热爱生命的孩子。

小测试：孩子是否患上了儿童抑郁障碍

（1）孩子精神很差，做什么事情都提不起精神来。

（2）孩子情绪消极，总是很悲观，内心常常被失望、绝望等负面情绪困扰。

（3）孩子长时间地保持沉默，不愿意张口说话，不愿意与父母沟通和交流。

（4）孩子的胃口很差，对于美食也提不起兴趣，体重有所减轻。

（5）孩子不愿意亲近同龄人，喜欢一个人待着，不知道在想些什么。

（6）孩子常常会哭泣，并没有明确的原因，似乎无缘无故。

（7）孩子不愿意上学，厌学情绪很浓重，而且还找借口、撒谎，找各种理由逃避上学。

（8）孩子常常觉得腹部疼痛，又说不清楚原因。

（9）孩子只想待在家里，不想去外面玩。

（10）孩子很少开怀大笑，总是很沉默。

（11）孩子不喜欢和父母亲近，也不喜欢接受同龄人的关心和陪伴。

（12）孩子的情绪越来越暴躁，焦虑感很严重，不管遇到

的事情是否值得生气，都会勃然大怒、大发雷霆。

（13）孩子对于很多事情都充满抱怨，对于父母缺乏感恩之心。

（14）孩子的妒忌心理很强，每当看到有其他孩子表现比他们更优秀和突出时，他们就会非常嫉妒。

（15）孩子无法敞开胸怀接纳这个世界，而总是因为微不足道的小事情就耿耿于怀。

（16）孩子从不认为自己是个受到欢迎的人，而觉得身边的人都充满了恶意。

（17）孩子无法集中注意力做好该做的事情，常常会失去正常的生活与学习节奏。

（18）孩子的记忆力突然严重下降，对于原本可以轻松记住的很多事情和学习方面的内容，都会遗忘。

（19）孩子总是否定和批评自己，哪怕对原本不属于自己责任范围的事情，也会感到沮丧失落。

（20）孩子总觉得自己被他人排斥和拒绝，为此在人际交往中显得非常孤独和无奈。

上述这些症状，都是孩子患上儿童抑郁症的表现，当孩子的行为表现符合上述各条越多，也就意味着孩子已经被抑郁情绪困扰，已经陷入了抑郁的怪圈之中无法自拔。为此，父母一定要用心观察，从而才能及时对孩子采取一定的措施，给予孩子适宜的帮助，从而带领孩子消除抑郁的困扰，而更好地面对自己，热情地拥抱人生。在上述二十条之中，如果孩子所符合的项目超过十条，父母要尤其重点关注孩子，避免孩子受到抑郁症的侵扰和伤害。

第10章
胆怯和害羞的孩子，儿童也会有社交恐惧症

很多父母都认定孩子是自来熟，觉得孩子只要和孩子在一起，总是马上就会熟悉起来，没有隔阂，没有陌生感，从而友好融洽地相处。实际上，孩子并非都是大方的，他们因为自身性格因素和社交经验的影响，也会有胆怯和害羞的时候，甚至有些孩子还有社交恐惧症。为此父母不要再想当然地认为孩子一定是落落大方的，而是要努力培养孩子的社会交往能力，让孩子尝试着走入人群之中，也与身边的人更好地相处和交往。

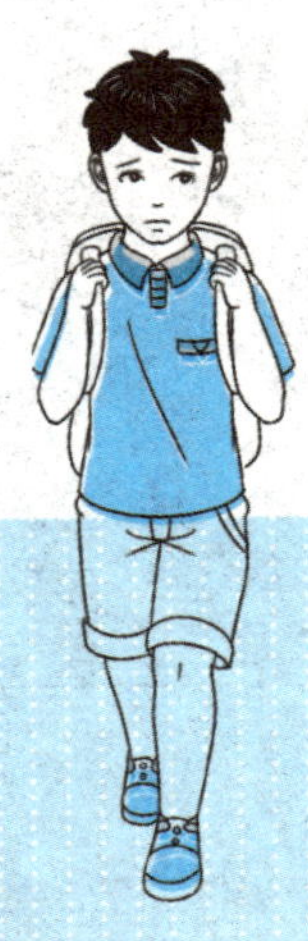

小芳，是我。我带
小宝来串门了。
我们家小宝很乖，
就是怕生。
小宝，你好哇，
欢迎来阿姨家。
让孩子们自己多玩玩。
你说这小宝怕生，
怎么办啊？
孩子敏感害羞，
父母应该怎么应
对呢？

孩子胆小未必都是先天决定的

家麒和家麟是一对双胞胎兄弟，家麒是哥哥，家麟是弟弟。家麒只比家麟早出生3分钟，但是真的有哥哥的样子，不但长得比弟弟高且壮实，而且胆子也比弟弟大，更加勇敢。因为家麟出生的时候黄疸太高，为此住了一个月的保温箱。一个月后，等到瘦弱的家麟回到家里的时候，家麒独享妈妈的乳汁一个月，每次都吃得肚子溜圆，已经长了整整3斤。家麟回家之后，妈妈对家麟更用心地照顾，总觉得家麟先天身体不好，为此就更偏爱家麟。渐渐地，兄弟两人都长大了，家麒被散养，家麟则被圈养。就这样，家麒越来越身强体壮，就像一个真正的男子汉那样说话也瓮声瓮气的，家麟却总是奶声奶气，不管做什么事情都感到很害怕，也常常因为胆怯而畏缩。

有一天，妈妈带着家麒和家麟去游乐场玩，家麒一马当先跑去玩了，家麟却落在后面，对于哥哥玩耍的游乐项目，他不敢尝试。这个时候，爸爸对家麟说："家麟，你看看哥哥，总是那么勇敢。你也是男孩子，要像哥哥一样勇敢。"这个时候，妈妈赶紧护着家麟："家麒是哥哥，家麟是弟弟，哥哥本

来就要胆大，弟弟胆小是因为还没有长大。”看着妈妈护犊子的样子，爸爸忍不住揶揄：“你的意思，弟弟在肚子里多待了3分钟，理应更孱弱吗？”妈妈无语，瞪了爸爸一眼。在妈妈的庇护下，家麟的胆子越来越小，就连看到毛毛虫都要惊吓得叫嚷半天，就连妈妈都怀疑家麟是天生胆小了。

家麒和家麟是一母同胞的亲兄弟，按理来说性格应该不会相差那么大，但是他们为何表现迥异呢？妈妈觉得家麟是天生胆小，其实是因为家麟小时候住过保温箱，妈妈始终认定家麟需要得到比家麒更多的照顾，为此也就总是偏爱家麟，为此使得家麟总是被妈妈庇护，也就变得越来越胆怯。当然，家麒和家麟的性格先天就有不同，这一点毋庸置疑，但是家麟的性格之所以越来越软弱，与他后天的成长与发展是分不开的。如果妈妈能够多多鼓励家麟要勇敢无畏，努力向前，也给予家麟更多的锻炼机会，让家麟的胆量变得越来越大，那么相信家麒和家麟之间的差距就不会这么大。

孩子之所以胆小怯懦，除了先天的性格因素起到很小的作用之外，与父母后天对于孩子的培养、引导和过度保护是密不可分的。没有孩子天生就很勇敢，他们之所以变得勇敢，是因为他们不断地得到机会锻炼胆量，也持续地突破和挑战自我。所以父母必须给孩子机会去尝试，去突破和超越自己，这样才能真正强大自己，让自己变成真正的人生强者，在行走人生的过程中无所畏惧，充满力量。

此外，父母除了要给孩子机会去努力锻炼之外，还要为孩子树立积极勇敢的榜样。很多父母当着孩子的面常常会表现出胆怯的样子，尤其是妈妈在看到毛毛虫的时候也会感到害怕，这样会无形中影响孩子，导致孩子的胆量也越来越小。关于这一点，从妈妈带大的孩子与爸爸带大的孩子有明显区别就可以得到验证，为此父母在带养孩子的过程中一定要密切配合，这样才能从男性的阳刚和女性的柔和两方面给孩子树立榜样，也中和孩子的发展，让孩子拥有妈妈的韧性，也拥有爸爸的坚强。总而言之，孩子的性格养成是一个漫长的过程，孩子的性格不是天生就具有的，也不会因为某一个原因就骤然发生改变。父母要想引导孩子，熏陶孩子，就要为孩子创造良好的成长环境，给孩子的健康成长提供各种有利的条件。这样孩子才能全面发展，也才能健康快乐。

孩子为何会害羞

最近，学校里要举行联欢会，每个班级为一个主场，要准备10个节目。原本老师推荐作为音乐课代表的小薇进行独唱，因为不管是音乐老师还是同学们都一致认为小薇的歌声很美妙，但是小薇却连连拒绝："我不行，我不行！"说着，小微的脸变得通红。

小薇是个很害羞的女孩，平日里很少举手回答问题，每当家里来了陌生人的时候，她也会躲在房间里不愿意出来。一开始，妈妈总觉得小薇还小，长大了就不会这么害羞，但是眼看着小薇已经成为一年级的小豆丁，却还是这么害羞，妈妈感到很苦恼。本来，妈妈是把小薇当成大家闺秀去培养的，也希望小薇能够在合适的场合里展现才华，获得众人的认可和赏识。但是现在小薇这么害羞，根本不想表现，让妈妈感到很担心，最重要的是小薇连回答问题都不愿意，在课堂上与老师之间没有互动，这样学习怎么会有进步呢？

很多孩子都会害羞，实际上，害羞不但是情绪表现之一，也是性格特征之一，为此害羞也会受到遗传因素的影响，有些孩子之所以害羞，就是因为爸爸或者妈妈之中有至少一个人会害羞。也有科学家经过研究发现，害羞的人体内的害羞基因往往比较高，这种基因与压力敏感度密切相关，常常会导致孩子们在感受到压力的时候，就会情不自禁地紧张。当孩子常常害羞的时候，父母就会很着急，尤其是当看到别人家的孩子总是落落大方的时候，他们更是非常羡慕。然而，孩子的落落大方、自信从容并非天生的，而是在后天不断锻炼和成长的过程中才会形成的。为此，父母不要抱怨孩子天生就很害羞，虽然害羞受到遗传因素的影响，但是作为父母只要多多引导孩子，努力帮助孩子，给孩子提供各种锻炼胆量的机会，孩子就会越来越充满自信，越来越从容大方。

具体而言，如何才能让孩子不那么害羞呢？从本质上来说，害羞其实是一种胆小的表现形式。大多数害羞的孩子内心都很害怕，特别恐惧，为此他们不愿意接受新鲜事物，也不想进入陌生的环境，而只想留在熟悉的环境里，守在熟悉的人身边，这让他们感到非常有安全感，内心也很踏实。从这个角度来说，要想让孩子不那么害羞，首先要培养孩子的自信心，让孩子变得更加有胆量，这样一来，孩子才会战胜内心的胆怯，从而表现得更加落落大方。

当然，胆量和自信都可以经过后天培养而逐渐提升。很多父母在带养孩子的过程中，总是喜欢把孩子关在家里，因为这样看护起来比较方便，不容易导致孩子受伤害。实际上，孩子越是年幼，父母越是要带着他们四处走走看看，让他们更加亲近大自然，感受外部世界的丰富精彩，见识到更多的人和事情，这样一来，他们才能够开阔眼界，锻炼胆量。

对于害羞的孩子，亲子相处的时候也要特别注意。害羞的孩子内心敏感而自卑，作为父母，每当孩子犯错误或者孩子的表现无法达到他们预期的时候，不要总是批评和指责孩子，而是要保护好孩子的自尊心，尊重孩子，这样一来，孩子才会越来越自信，而不会因为觉得丢了面子而变得窘迫。最重要的是，不管孩子是否真的害羞，也不管孩子害羞的程度如何，父母都不要给孩子贴上“害羞”的标签，更不要当着孩子的面告诉别人孩子很“害羞”，否则只会导致孩子害羞的行为越发严重，使得孩子形成错误的自我认知。

还有些父母总是全方位呵护孩子，无条件为孩子付出，也不由分说就代替孩子去做很多事情，这样一来无形中就剥夺了孩子锻炼的机会。父母即使再爱孩子，也不可能永远陪伴在孩子身边庇护孩子，为此明智的父母随着孩子不断成长，会循序渐进地对孩子放手，从而让孩子一步一步地成长，越来越独立，越来越坚强。这样一来，孩子就会战胜羞怯，变得越来越勇敢和大方，成为真正的人生强者，从而主宰自己的人生和命运。

不要把孩子吓成“胆小鬼”

最近，妈妈要出差一个月，为此特意把奶奶从老家接过来负责照顾喜悦。喜悦才3岁，对奶奶还有些认生，幸好妈妈预留出了一个星期的时间让喜悦和奶奶熟悉。血缘亲情，使得喜悦很快就与奶奶熟悉起来，也愿意和奶奶亲昵。因而等到妈妈出差要走的时候，喜悦不哭也不闹，就依偎在奶奶的怀里，乖乖地和妈妈拜拜。

当天晚上才刚下飞机，妈妈就给奶奶打电话询问喜悦的情况。当时才9点钟，妈妈询问喜悦的情况时，让奶奶把电话给喜悦，奶奶告诉妈妈：“喜悦已经睡着了。”妈妈感到难以相

信，为此又看了看时间，确定是9点，便对奶奶说：“妈妈，你是用什么方法让喜悦这么早就睡觉的啊！我在家的时候，她怎么也不愿意睡觉，10点半还在磨蹭呢！为了让她睡觉，我每天晚上都绞尽脑汁，但是效果很差。”奶奶笑着告诉妈妈：“孩子就要早点儿睡觉，身体才长得强壮。10点半睡太晚了，我们要早睡早起，明天还要去小区广场上挖沙、玩滑梯呢！”既然喜悦睡了，妈妈没有再说什么，就挂断了电话。此后一连几天，妈妈9点多打电话回家的时候，喜悦不是已经睡着了，就是睡意正浓。妈妈只好改成傍晚时分给喜悦打电话，这才算听到了宝贝闺女的声音。有奶奶照顾喜悦，妈妈可以全力以赴地工作，为此原计划需要一个月才能完成的项目，22天就完成了。妈妈归心似箭，决定偷偷回家，给喜悦和奶奶一个惊喜。

当天晚上，妈妈9点钟到家的时候，打开门，听到奶奶正在哄着喜悦睡觉呢！喜悦不停地喊着：“我不睡觉，不睡觉！”奶奶假装用恐怖的声音对喜悦说：“喜悦，天黑了，就有怪物出来，他们张牙舞爪的，你不害怕吗？”喜悦似乎吓得用被子蒙住了头，说：“奶奶，我害怕。”奶奶说：“害怕就藏在被窝里不要出来，好不好？奶奶现在去把怪物打跑。”说完，奶奶就走出喜悦的房间，把门关好。看到妈妈站在门口，奶奶的确很惊喜，问妈妈：“这么快就回来啦！我以为还得一个星期才能回来呢！”妈妈面色严肃地对奶奶说：“妈妈，您就是用这种方法哄喜悦睡觉的吗？”奶奶点点头，得意地说：“你别去，她10分钟就能睡着了。”妈妈放下行李，赶紧去看喜悦，她打开被窝的时候，发现喜悦正瞪着惊恐的大眼睛吃手指呢！看到妈妈回来，喜悦一下子扑到妈妈怀里哭起来，说：“怪物，怪物！”妈妈安抚喜悦：“喜悦，奶奶是骗你的，没有怪物。奶奶想让你睡觉，就故意骗你的。”奶奶很疑惑：“你到底是想让孩子睡觉，还是不想让孩子睡觉呢！”妈妈解释道：“我想让孩子早点睡，但是你的方法不对。您这么欺骗她，她心里多么害怕。喜悦以前从来不怕黑，现在却吓得躲在被窝里，我简直担心她以后不敢自己入睡了呢！”

果然，奶奶走了之后，喜悦又要自己住在一个房间，但是她怎么也不敢睡，必须要让妈妈陪伴。即使妈妈再三向喜悦解释，喜悦也还是难以消除心底的恐惧。妈妈的担心果然应验了。

很多孩子都怕黑，是因为他们不知道黑暗之中隐藏着哪些危险。如果照顾者再以黑暗之中隐藏着大怪物来吓唬孩子，让孩子早点儿乖乖躲在被窝里不要乱动，则孩子对于黑暗会更加恐惧。这是因为孩子的认知能力有限，而且他们的人生经验也很匮乏，为此他们无法科学地认知黑暗的现象为何发生，就这样被“好心办坏事”的照顾者吓唬成了胆小鬼。很多照顾者都会吓唬孩子，其中父母吓唬孩子的比例相对较低，而

年长者，诸如爷爷奶奶、姥姥姥爷等照顾孩子的时候，吓唬孩子的概率会更高。除了哄孩子睡觉时会使用吓唬的方式之外，每当孩子特别顽皮淘气不听指挥的时候，照顾者也会在无奈和烦躁之余吓唬孩子。至于吓唬的方法则更是多种多样，有说怪物的，有说大灰狼的，有说警察的，有说捡破烂的，有说大老虎的，总而言之，哪种吓唬的东西效果好，他们就会说哪种。殊不知，经常受到惊吓的孩子的变化绝不只是变得听话这一点，科学研究证明，他们的思维会变得迟钝，他们会因为缺乏安全感而自卑，他们会因为极度恐惧而自我封闭。因而作为父母千万不要吓唬孩子，如果发现老人会吓唬孩子，也要及时制止，把恐惧带给孩子的危害讲给老人听。相信不管是爷爷奶奶还是姥姥姥爷，和爸爸妈妈一样都希望孩子健康快乐，为此他们一定会及时改正，再也不吓唬孩子。

面对被欺负，如何帮助孩子

乐乐长得很高大，虽然才5岁，但是看起来就像七八岁那么高，为此经常一起玩的几个孩子妈妈，常常向着乐乐妈妈取经是如何把乐乐喂养得这么好的。然而，乐乐胆子却很小，尤其是在外面和小朋友一起玩的时候，他总是牢记爸爸妈妈说的“不打人，不骂人”的训诫，哪怕被小朋友打了骂了，也不还手，不还口。有的时候受到了很大的委屈，他就会哭个不停。

看到乐乐这个窝囊的样子，妈妈首先进行反思：“咱们的教育方法真的对吗？不打人不骂人是对那些友好的孩子，有的孩子就是欺负人，就喜欢打人骂人，这样再三忍让，他们只会觉得乐乐好欺负，更加欺负乐乐。”爸爸觉得妈妈说的的确是个问题，也感到很困惑：“但是，乐乐还小，不会区分别人到底是不小心打他的，还是故意欺负他的，怎么办？”妈妈说：“不管怎么办，反正不能让孩子总是被欺负，不然被欺负习惯了，只会越来越胆小。”这么想着，妈妈说：“不然就告诉他，第一次可以原谅，第二次就视为故意，不能原谅，让他还手。”爸爸暂时没有更好的办法，为了避免乐乐被欺负得更加胆小，不敢出去玩，他同意采用妈妈的判断方法。

此后，爸爸妈妈很耐心地教会乐乐如何区分第一次、第二次，还和乐乐以游戏的方式演习怎样才算是无意，怎样才算是故意。一开始，乐乐还会分不清楚，但是随着和小朋友们玩的过程中不断操练，他渐渐地可以很好地把握无意和故意，也能够勇敢反击了。

和成人喜欢掩饰不同，孩子的世界是非常真实的，他们的喜怒哀乐完全表现在脸上，也会呈现在行动上，为此孩子在一

起玩耍的时候，很容易会发生争执、矛盾。虽然几千年来儒家学说一直劝谏我们要谦虚礼让，但是正如事例中乐乐妈妈所说的，有些孩子就是欺软怕硬，就是会欺负老实孩子，为此让孩子一味地谦让也不是办法，而且孩子被欺负成为习惯，渐渐地就不会反击，内心也会很怯懦。

当然，锻炼孩子的胆量，不是一件着急的事情，毕竟孩子不是机器，不是按下一个按钮就能操控的。父母必须有耐心，用正确的方法引导孩子，才能让孩子的胆小有所改变。很多父母看不得孩子被欺负，一看到孩子受了委屈掉眼泪，或者冲上去帮助孩子伸张正义，或者训斥孩子就知道哭，说孩子是窝囊废、很无能。这两种方法都是错误的，前者会导致孩子之间的矛盾和纷争升级，甚至使父母也介入其中发生争吵和打斗，而后一种则会让孩子更加失去自信，更加畏缩胆怯。记住，作为父母在发现孩子面对难题的时候，重点在于帮助和引导孩子解决问题，而不是冒失地介入孩子的矛盾。

当然，让孩子反击别人的欺负，不仅仅是一句“把别人打过来的都打回去”就可以解决问题的，一方面有的孩子不知道如何反击，另一方面孩子人生经验有限，不能准确把握反击的力度，说不定就会防卫过当。为此，父母要想教会孩子如何应付其他孩子的欺负，就一定要有耐心，为孩子解释清楚，也告诉孩子正确的道路，此外还可以采取实战模拟的方式形象地让孩子认知和感知反击的方式与力度。每个人都是社会的一员，都要在人群中生活，谁也不能免俗。最重要的是，不要惹事，也不要怕事，不要过于强硬，也不要过于软弱。只有把握好人际相处的度，才能收获良好的人际关系，也才能快乐成长。

孩子说话为何像蚊子哼哼

在读幼儿园的时候，艾米丽就不喜欢说话，总是一个人沉默地坐在教室的角落里，看着其他同学嬉戏打闹。今年暑假，艾米丽升入一年级，开学1个月后，妈妈很担心沉默寡言的艾米丽在课堂上的表现，为此特意去学校找老师进行沟通。老师对妈妈说："艾米丽是一个很乖巧的孩子，特别懂事听话，表现都不错，也能遵守纪律。唯一不好的是，她不愿意回答问题，从来不积极主动举手，即使被我点名叫起来回答问题，她也会像蚊子哼哼一样，说话的声音特别小，根本听不清楚。"

听到老师的反馈，妈妈对老师说："的确，艾米丽特别胆小害羞，不敢当众讲话。老师，她不举手你就点名让她回答，这样她才能锻炼，胆量更大，学习上也才能有进步。"老师有些为难："的确，孩子多多回答问题是好的，不过您也知道，班级里四十几个学生，我不可能每次提问都找艾米丽回答。其

实要想锻炼孩子的胆量，你们要在生活中多多给她机会。她在家里也是这样说话声音特别小吗？”妈妈说：“在家里从来不这样。说话声音很大，还会发脾气。”老师沉吟道：“看来还是胆小，你们要多带着她见人，给她机会与更多的人相处。渐渐地，就会有所好转的。”妈妈很信服老师：“老师，您一下子就说到点子上了。艾米丽小时候由奶奶带大，奶奶不会说普通话，所以来到城市里和别人沟通很困难，为此就很少带艾米丽下楼玩耍。”老师说：“既然知道了问题产生的根源，那么解铃还须系铃人，还是要对症下药才能有效果！”妈妈连连点头。

艾米丽说话声音很小，排除生理上的原因，就是心理原因。妈妈心知肚明奶奶带养艾米丽的时候很少与艾米丽出门，所以就要从这一点上下手，让艾米丽接触更多的人和事情，渐渐地，艾米丽就会变得越来越大方和开朗。

很多人都对于相貌非常重视，而对于声音的重视程度则没有对于相貌的重视程度那么高。实际上，在人际交往中，尤其是在人际沟通中，声音起到至关重要的作用。一个人如果声若铜钟，则意味着他有自信，而且底气足，做人非常爽朗和坦荡。相反，一个人如果说起话来吞吞吐吐，声音小得就像蚊子哼哼，则意味着他们内心发虚。这样的虚弱有可能是心理惭愧导致的，也有可能是胆怯导致的。细心的父母会发现，孩子们在撒谎的时候往往说话的声音变得很小，或者在害怕的时候也会把声音憋在嗓子里，不敢大声说出来。为此，父母要帮助孩子调整语言表达时的音量，除了经常提醒孩子要大声说话之外，还可以在孩子说话声音特别小的时候，不给予孩子回应，这样一来就逼着孩子必须把音量提高。当孩子习惯于以更高的音量说话，他们就会改变胆怯的说话习惯，用声音来散发自己充满自信的魅力。

小测试：孩子是C型性格吗

（1）见到陌生人或者进入陌生的环境，孩子总是很紧张焦虑，无法顺利融入其中。

（2）孩子喜欢宅在家里，哪怕是在面对同龄人的时候，他们也很少说出心里话。

（3）孩子的性格很内向，敏感多疑，内心脆弱，很容易受到伤害。

（4）孩子受伤后就像小兽一样喜欢把自己封闭起来疗伤，不接受别人的安慰和照顾。

（5）孩子不喜欢被他人关注，越是在人多热闹的场合，孩子越是恨不得藏起来，不被任何人注意到。

（6）即使面对不喜欢的人，孩子也会礼貌周到，而不会把心中的厌恶和排斥表现出来。

（7）孩子不会主动接受新鲜事物，喜欢墨守成规、一成不

变的生活，害怕创新和冒险。

（8）孩子不敢表达自己真实的心声，常常选择隐忍，哪怕有不同意见也不会说出来。

（9）孩子总是很胆怯，内心充满了不安全感，喜欢和照顾者在一起，有分离焦虑的症状。

（10）孩子总是苛求自己凡事都要做到尽善尽美，又因为对于自己的要求太高而无法实现目标，导致内心产生强烈的挫败感，压抑、焦虑和烦躁。

（11）在集体活动中，孩子总是不够自信，是个顺从者，而没有主见，有的时候还会故意阿谀奉承，曲意逢迎。

（12）孩子总是无限度地原谅他人，而他的内心深处却很痛苦，他选择默默承受。

在上述各项中，孩子符合的项目数量越多，越是意味着孩子有C型人格。这种性格类型的孩子总是选择忍辱负重、委曲求全，但是他们内心深处未必能够真的想得开、放得开，为此他们看起来很宽容和善、胸怀博大，实际上真正的心意却是斤斤计较。显而易见，这样的两面表现让孩子在日常生活中就像是戴上了一个面具，或者有了虚伪的假面，是让孩子更加疲惫和无奈的。每一种性格特征都有自己的优势和劣势，C型性格的孩子既有优点，也有缺点，最重要的是认识到性格的不足，从而帮助自己做到更好。

心理学家把人的性格分为ABCD四种类型，其中，B型性格和C型性格从表面看起来很像，都不计较，都很宽容。而实际上，B型性格是真的宽容，不计较，而C型性格的人却只是因为胆小怯懦而不得不隐忍，他们的内心深处实际上斤斤计较。为此，C型性格的人看起来很豁达宽容，只是伪装出来的假象而已。

参考文献

[1]周一凡.儿童焦虑心理学[M].成都：四川科学技术出版社，2018.

[2]李群锋.儿童情绪心理学[M].苏州：古吴轩出版社，2018.

[3]琼斯基.让孩子远离焦虑[M].杭州：浙江人民出版社，2019.